通識
通智
通用

贈北大通班
朱松純

通用人工智能人才培养体系

主　编　朱松纯
执行主编　李文新　林宙辰　马煜曦

TALENT CULTIVATION PROGRAM FOR GENERAL AI

北京大学出版社
PEKING UNIVERSITY PRESS

图书在版编目（CIP）数据

通用人工智能人才培养体系/朱松纯主编；李文新等执行主编. —北京：北京大学出版社，2024. 1
ISBN 978-7-301-34793-5

Ⅰ. ①通… Ⅱ. ①朱… ②李… Ⅲ. ①人工智能－人才培养－教学研究－高等学校 Ⅳ. ①TP18

中国国家版本馆CIP数据核字（2024）第010371号

书　　名　通用人工智能人才培养体系
　　　　　TONGYONG RENGONGZHINENG RENCAI PEIYANG TIXI
著作责任者　朱松纯　主编
责任编辑　曾琬婷
标准书号　ISBN 978-7-301-34793-5
出版发行　北京大学出版社
地　　址　北京市海淀区成府路205号　100871
网　　址　http://www.pup.cn　新浪微博：@北京大学出版社
电子邮箱　zpup@pup.cn
电　　话　邮购部010-62752015　发行部010-62750672　编辑部010-62754819
印 刷 者　三河市北燕印装有限公司
经 销 者　新华书店
　　　　　720毫米×1020毫米　16开本　13印张　300千字
　　　　　2024年1月第1版　2024年1月第1次印刷
定　　价　65.00元

前　　言

人类经过蒸汽时代、电气时代和信息时代，正在迈入智能时代。智能时代区别于信息时代的显著特征是大量智能体的出现。作为第四次工业革命（“智业”革命）的颠覆性技术，人工智能将会极大地解放生产力，推动经济发展和社会进步，在各领域展现出巨大的应用前景。

党中央高度重视人工智能的发展，在政策制定和资金投入方面采取了一系列重大举措。2017年7月，国务院印发了《新一代人工智能发展规划》，提出了我国“到2030年人工智能理论、技术与应用总体达到世界领先水平，成为世界主要人工智能创新中心，智能经济、智能社会取得明显成效，为跻身创新型国家前列和经济强国奠定重要基础”的战略目标，部署了“加快培养聚集人工智能高端人才”的重点任务。2018年4月，教育部制订了《高等学校人工智能创新行动计划》，提出要“完善人工智能领域人才培养体系”，为落实我国人工智能战略提供人才保障。2019年，人工智能专业首次被纳入我国本科专业。这一年，全国共有35所高校获首批建设资格。

人工智能作为一门独立的学科，一般以1956年召开的达特茅斯会议为标志。其后经历了“推理期”“知识期”和“学习期”三个阶段，分别关注基于逻辑的推理、知识工程和机器学习，逐渐孵化出了计算机视觉、自然语言处理、机器学习、认知推理、多智能体、机器人学等子领域，目前正在呈现对内融合统一、对外交叉发展的态势。人工智能各领域的发展将寻求统一的人工智能架构，以实现人工智能从感知到认知的转变，从解决单一任务为主的“专项人工智能”向解决大量任务、自主定义任务的“通用人工智能”转变。人工智能的学科内涵逐渐沉淀，学科外延逐渐扩大，学科特色逐渐呈现。现在再把人工智能当作计算机科学与技术的分支，已经不合时宜。因此，按照国家对人工智能的重大需求和人工智能发展的新形势，重新组织构建人工智能专业的人才培养体系势在必行。

北京大学是我国最早开展人工智能研究的大学之一，1988年成立了人工智能领域最早的国家重点实验室之一——视觉与听觉信息处理国家重点实验室，2002年创办了我国第一个智能科学系。从20世纪的指纹识别、人工耳蜗算法、汉字信息处理，到近期的媒体智能、大数据智能、类脑智能、自主智能系统等国家新一代人工智能发展规划重点方向，北京大学在人工智能基础理论、关键技术和创新应用等方面取得了一系列重大成果和突破。2019年，成立了人工智能研究院。2021年1月，在元培学院设立“通用人工智能实验班”（简称“通班”），旨在完全按照人工智能专业的要求培养新一代人工智能人才。为此，我们设立课程领导小组，组织有关教师制定新的培养体系——通用人工智能人才培养体系，其核心理念在于“通识”“通智”“通用”三位一体。“通识”指的是打通人工智能与人文社科的交叉，如艺术、社会科学、法律等；“通智”指的是贯通人工智能多个核心领域，包括计算机视觉、自然语言处理、机器学习、认知推理、多智能体、机器人学等；而“通用”指的是面向产业应用，注重工程实践。“通识”的目的在于给学生及他们以后开发的人工智能系统正确的价值观，“通智”的目的在于教授学生核心的人工智能理论与技术，而“通用”的目的是让学生掌握基本的科学与技术工具和思想方法；其目标是培养出具有正确的价值观、既能动脑又能动手的世界级顶尖复合型通用人工智能人才。因此，我们的培养理念可以浓缩为以下一个公式：

$$\text{通识} + \text{通智} + \text{通用} = \text{通才}$$

本套培养体系包括北京大学人工智能专业本科生培养体系、人工智能交叉方向研究生培养体系和智能科学与技术专业研究生培养体系，同时也包括清华大学通用人工智能本科生因材施教培养计划。

本套培养体系成书较为仓促，新开课程较多，即使是基础课，其内容也可能根据人工智能专业的需求做了相应修改，总体上难免考虑不周，整个培养体系还需要在教学过程中不断打磨才能臻于完善。因此，本书仅供同行专家参考，如有不当之处，敬请不吝指正！最后，北京大学许多教师为本套培养体系贡献了课程纲要，我们在此一并表示由衷感谢！

北京大学、北京通用人工智能研究院

《通用人工智能人才培养体系》编写小组

2023年4月

目 录

第一章 人工智能的学科背景

1.1 人工智能的战略地位

人类文明的发展历经蒸汽时代、电气时代和信息时代，正在迈向智能时代。人工智能是第四次工业革命的核心技术，正在释放科技革命和产业变革积蓄的巨大能量，对经济发展、社会进步等方面产生重大而深远的影响。世界主要发达国家纷纷把发展人工智能作为提升国际竞争力、维护国家安全的重大战略，积极谋划政策，围绕核心技术、顶尖人才、平台架构等进行强化部署，力图在新一轮国际科技竞争中掌握主导权。

全球人工智能战略布局已经全面开展。美国以《为未来人工智能做好准备》《美国国家人工智能研究与发展策略规划》《人工智能、自动化及经济》与《美国人工智能倡议》四大政策文件为基础，形成了从技术、经济、伦理、规划等多个维度指导行业发展的完整政策体系。2021年美国成立了专门的国家人工智能倡议办公室，负责监督和实施国家人工智能战略，还成立了国家人工智能研究资源工作组，以帮助建立一个共享的国家人工智能研究基础设施；2021年欧盟通过了《人工智能法》提案，推动人工智能的使用、投资和创新研究，以期把欧盟打造成全球信赖的人工智能中心；2021年英国发布了《国家人工智能战略》，制订了一个旨在使英国成为全球人工智能超级大国的10年发展计划，包括“人工智能生态的长期投资”“人工智能普惠”“人工智能的有效治理”三个维度。

我国在人工智能发展方面积极布局谋篇。国务院2017年发布的《新一代人工智能发展规划》表明了我国在人工智能科研建设上的决心，其中提出：到2025年我国人工智能基础理论实现重大突破，部分技术与应用达到世界领先水平，力争到2030年我国人工智能理论、技术和应用总体达到世界领先水平，成为世界主要人工智能创新中心。在2021年3月出台的《中华人民共和国国民经济和社会发展第十四个五年规划和2035年远景目标纲要》中，“智能”和“智慧”出现高达57次。在我国经济从高速增长向高质量发展的重要阶段，以人工智能为代表的新一代信息技术，将成为我国“十四五”期间推动经济高质量发展，建设创新型国家，实现新型工业化、信息化、城镇化和农业现代化的重要技术保障和核心驱动力之一。

1.2 智能学科建设背景

智能学科涵盖“智能科学与技术”和“人工智能”。

智能科学与技术是一门研究自然智能的形成与演化机理，以及人工智能实现的理论、方法、技术和应用的基础学科，是在计算机、统计学、机器学习、应用数学、神经与脑科学、心理与认知科学、自动化与控制系统等基础上发展起来的一门新兴的交叉学科。

人工智能过去一直被看作计算机学科中的一个应用技术与工程领域，20世纪七八十年代人工智能热潮中具有代表性的是专家系统与知识工程。近年来，大数据、深度学习的快速发展与普及应用，成为本次人工智能热潮的主要代表性技术，人工智能被赋予了新的内涵，变成了一个赋能百业的技术。鉴于这种广泛的社会认知，也为了和智能科学与技术进行区分，我们认为人工智能学科的定位是：在智能科学与技术研究的基础上，与文科、理科、医科、工科等多学科交叉融合，开展诸如数字人文、智慧法治、科学智能（AI for Science）、智慧医疗（AI for Medicine）等交叉研究，以学科交叉为特色。

截至2022年2月，我国已有440所高校设置“人工智能”本科专业，248所高校设置“智能科学与技术”本科专业，更多高校设置与人工智能相关的交叉学科或学科方向，形成了多层次、多类型的人工智能人才培养系统。2022年9月13日，教育部发布《研究生教育学科专业目录（2022年）》，“智能科学与技术”正式成为交叉门类新增的一级学科，与数学、物理学、化学和计算机等学科平行，标志着我国智能学科高等教育的发展已经进入一个新的历史时期。

现在“人工智能”这个名词炙手可热，其内涵与外延也在随着技术发展、媒体的宣传不断演变。当前，科技界、教育界乃至整个社会缺乏对智能学科的共识认知和准确把握，并且对“智能科学与技术”和“人工智能”两个学科之间内在关系的认识仍然不够明了，迫切需要对如下问题做出回答：

问题1：智能学科为何可以成为一门独立的学科？

智能学科与计算机学科密切相关，很多学校的智能学科是由计算机一级学科下的二级学科衍化而来的；社会上非专业人士往往也认为智能就是计算机，在认知上概念含糊不清。本质上，智能学科和计算机学科有着完全不同的学科内涵。如图1-1所示，计算机学科的核心目标是“造计算机”，它是研究计算机的设计与制造以及利用计算机进行信息获取、表示、存储、处理、控制等的理论、原理、方法和技术的学科。计算机通过程序员（用户）编制计算机能理解的语言（程序），在计算机系统上运行，实现由性能驱动的计算功能。而智能学科的使命则是“造智能体”，研究的对象是客观与主观混合的智能体，涉及视觉识别与重建、自然语言理解、认知与常识推理、任务与运动规划、环境交互与具身智能、心智模型与认知架构、学习理论、价值体系、社会伦理等。智能体能够通过行业用户的自然语言对话沟通，对齐知识、模型与价值观，在动态不确定场景中实现由价值驱动的各种复杂任务。

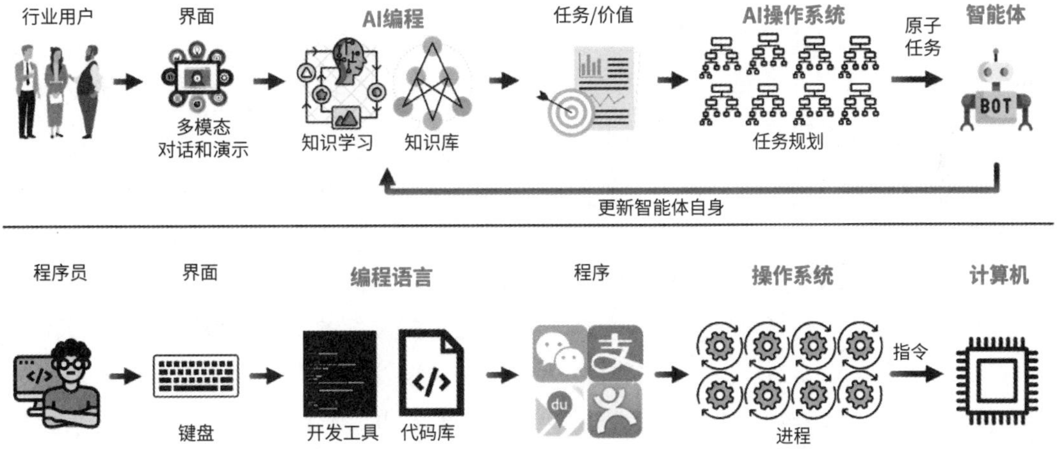

图 1-1　智能学科（上部分）与计算机学科（下部分）的比较

因此，如同六十多年前基于数学、物理学、电子等学科衍生出了计算机学科一样，智能学科是在计算机、统计学、机器学习、应用数学、神经与脑科学、心理与认知科学、自动化与控制系统、工学、哲学等众多学科发展的基础上应运而生的一门独立的、以多学科交叉为特色的新兴学科，将通过人工智能技术实现与文科、理科、医科、工科，特别是与人文社科的深度交叉融合。

1.3 智能学科前沿现状

人工智能在全球范围内大发展的同时，一系列问题也日益凸显。当前，我国乃至全球范围流行的人工智能科研范式，是以大数据、大算力和深度学习为代表的。在过去十多年中，基于该科研范式研发的智能系统（如智能推荐系统、智能问答系统等）的确在科学研究和产业应用中取得了巨大进步，对世界经济的发展起到了巨大的助推作用。但是，越来越多的研究和实践表明，该模式遇到的瓶颈问题也日益突出，主要表现在：只能做特定的、人事先定义好的任务；每项任务都需要大量的数据与标注；模型不可解释，知识表达不能交流；大数据与计算的成本高昂；等等。

智能系统之所以能够广泛地应用于各行各业，归功于强大算力支撑下复杂模型的成功学习，特别是一些超大模型。以语言模型GPT-3为例，该模型是拥有1750亿参数的巨大自回归语言模型，训练该模型需要花费1200万美元，存储模型参数需要700 GB的硬盘。GPT-3模型的性能的确可以在许多自然语言处理任务以及基准测试中获得显著提升，但是因其巨大的数据需求、资源消耗和代价，众多企业对部署和应用该模型只能望而却步。同时，这个科研范式也导致产业界对人工智能形成种种狭隘认知："人工智能等价于喂数据""人工智能就是一种工程应用""职业培训就可产出人工智能专业人才"等。传统的人工智能科研范式遇到的瓶颈问题和当前社会对人工智能的不当认知，已经成为阻碍智能学科健康发展的不利因素，人们呼唤面向未来发展的新的人工智能科研范式出现。

传统的人工智能科研范式可被看作"鹦鹉范式"，其特点是"大数据、小任务"，本质上可以认为是一种复杂的查询，具体表现为：需要大量重复数据来训练；可以说人话，但不解话意；不能对应现实的因果逻辑。面向未来发展的人工智能科研范式更应该是"乌鸦范式"。该范式具有"小数据、大任务"的特点，具体表现为：具有自主的智能，能够感知、认知、推理、学习和执行；不依赖于大数据，基于无标注数据进行无监督学习；智能系统低功耗，小于1 W。

不同的人工智能科研范式选择，将导致不同的系统和路径。对人工智能不良的社会认知，势必影响人工智能人才的培养和发展。因此，非常有必要厘清如下两个问题：

问题2：重回起点，何为智能？

我们认为，智能是一种现象，智能是智能体在多维度和多尺度上与环境和社会交互，实现大量任务的过程中表现出来的现象，包括：

（1）个体生存与环境交互，如感知、因果推理、不确定性下的决策、行为动作；

（2）内部认知活动，如心智理论、自我意识、自我认知与评价；

（3）社会群体行为，如语言、通信、学习和协作。

智能现象是指在价值驱动下自主产生行为，从而改变外部和自身状态。智能现象的产生需依赖两个基本前提条件：价值链条和因果链条。

价值链条是生物进化和生存的一个“刚需”，如人类的生存需要解决吃饭和安全问题，而传承需要社会活动。这些基本需求（或任务）会衍生出大量的其他任务，行为是被各种任务驱动的。任务的背后隐藏着价值函数，这些价值函数大多数在进化过程中就已经形成了，包括人脑中发现的各种化学成分的奖惩机制，如多巴胺（快乐）、血清素（痛苦）、乙酰胆碱（焦虑、不确定性）、去甲肾上腺素（新奇、兴奋）等。在价值链条的基础上，智能体需要理解物理世界及其因果链条，以适应这个世界。因果链条决定了任务完成的路径。因果链条基于自然和社会规律，为任务的实现设定了限制。

当前被社会所广泛认知的、基于大数据驱动的人工智能，其本质上都可以认为是在求解反问题，“知其然，但不知其所以然”。可见，社会认知的智能和专业定义的智能之间相距甚远。

问题3：智能科学是不是一门科学？

物理学研究的对象是客观的、无生命的物体，比如经典力学，通过一些“势能函数”来描述物体之间的各种“相互作用”，由此导出“场”与“力”的概念以及物体的运动方程，目标是构建一个统一的理论来解释多个尺度和复杂度下的物理现象。

智能科学研究的对象是客观与主观混合的智能体，通过构造一个统一的理论，来解释智能体在与物理和社会场景的“相互作用”中表现出的多个尺度和复杂度下的智能现象和能力。

按照智能现象和能力所属的关键学术领域，可以做如下划分：

- 计算机视觉：物体识别、属性理解、三维重建、场景理解、行为分析等；
- 自然语言处理：语义解译、对话意图、语境落地、共享情景、语义语用等；
- 认知推理：功能用途、物理关系、因果判断、社交意向、高阶意识等；
- 机器学习：符号连接、统一表达、归纳演绎、因果模型、价值获取等；
- 机器人学：任务规划、物理推导、因果理解、镜像映射、社交礼仪等；
- 多智能体：价值函数、利益博弈、社会组织、伦理规范、道德法治等。

为了对智能现象进行解释，智能科学的理论包含两个成分：（1）理：自然的模型（物理）和社会的规范（伦理），可以由一组势能函数U表达；（2）心：由认知架构和一组价值函数V表达。每个智能体由两组函数（U，V）来刻画。智能科学的研究方法就是通过构造最简约的认知架构与函数U，V，研究它们在模型空间的跳转与升维，并解释各种智能现象。因此，智能科学的核心任务是通过研究并构建统一的理论框架来解释智能现象，与计算机科学有着本质的差别。唯有如此，智能科学才能成为一门科学，才不会被社会认知为工程应用和职业培训。

1.4 人工智能发展趋势研判

以史为鉴，可以知兴替。对人工智能未来发展趋势的研判，需要对其发展历史予以回顾。人工智能发展历经多次繁荣与衰落的周期轮回。1956—1974年人工智能的第一个黄金时代见证了机器定理证明和逻辑推理的突破。而在1974—1980年，因过于强调通用求解方法，忽略了知识表征，导致了人工智能的第一次寒冬。随后，1980—1987年人工智能迎来了发展的第二个繁荣期，知识库和知识工程是主要的研究对象。而在1987—1993年，由于“符号落地”和“常识获取”的发展制约，人工智能遭遇第二次寒冬。20世纪90年代至今，人工智能开始进入平稳发展期，分化成几个子领域，包括计算机视觉、自然语言处理、认知推理、机器学习、机器人学、多智能体等领域。每个子领域均涌现过突破性的成果，但是每个独立的成果局限在自己所属的子领域中，人工智能距离达到人类通用且泛化的智能水平仍然很远。

人工智能的发展起伏跌宕，其哲学思想也经历几次转变。第一时期（1960—1990年）西方哲学思想引领了人工智能的发展，以苏格拉底（Socrates）、柏拉图（Plato）、亚里士多德（Aristotle）为代表的辩论与逻辑，发展成为严密的命题逻辑、谓词逻辑、事件逻辑等体系，为人工智能的逻辑、表达与推理等方面提供了理论框架。第二时期（1990—2020年）概率建模、学习与随机计算占据主导地位，核心代表人物包括乌尔夫・格林纳德（Ulf Grenander）、朱迪亚・珀尔（Judea Pearl）、莱斯利・瓦利安特（Leslie Valiant）、杰弗里・辛顿（Geoffrey Hinton）等。这一时期的研究思想与东方儒家的方法论“格物致知”不谋而合，本质是从数据到模型的知识发现过程，与当今人工智能的大数据方法思路相似。然而，大数据催生的人工智能系统缺乏内驱的价值体系，缺乏主观的能动性，这种内驱的价值体系被中国哲学称为“心”。中国哲学曾提出“心即是理”“心外无物”等概念。

未来若干年内人工智能应该怎样发展，其哲学思想是什么？对此，我们有如下研判：

研判1：人工智能核心领域将高度融合、走向统一，实现从弱人工智能向通用人工智能转变。

经过近三十年的分治，人工智能的六个核心领域（计算机视觉、自然语言处理、机器学习、认知推理、机器人学和多智能体）呈现出对内融合、对外交叉的发展态势。人工智能的发展将寻求统一的架构，以实现人工智能从感知到认知的转变，从解决单一任务为主的“专项人工智能”向解决大量任务、自主定义任务的通用人工智能转变。

学界和业界尚未能对通用人工智能做出准确的定义，但形成的基本共识是：通用人工智能应该能像人一样思考和推理，具备自主感知、认知、决策、学习、执行和社会协作能力，符合人类情感、伦理与道德观念。我们认为通用人工智能不只是能完成若干个人为定义的任务，而是能够根据复杂动态场景自主定义任务，从而实现无限的任务。简单的任务数量的叠加不过是完成了从 N 到 $N+1$ 的量变，不能算作通用人工智能，必须由量变转为质变，从有限转为无限，从人为定义任务转为自主发现和适应新任务，才能实现通用人工智能。

图 1-2 人工智能的发展趋势

未来人工智能研究亟需新的哲学思想作为指导。为机器立“心”，实现由“理”（数理模型）到“心”（价值函数）的过渡，智能体由“心”驱动，实现从大数据到大任务、从感知到认知的飞跃，是迈向通用人工智能的必经之路。

研判2：人工智能在对内实现各核心领域融合、统一的同时，对外着力推进多学科交叉和开拓。

学科日益分化导致知识割裂，学科间壁垒重重；科研探索愈发窄化，着眼学科内部微观课题，缺乏原始创新。跨学科交叉和融合是破局关键，汲取不同学科的思想，重塑对于世界的整体认知，才能激发底层创新。人工智能作为一门新兴交叉学科，与其他众多学科的交叉融合具有重要的科学意义与巨大的赋能价值。例如，人工智能与工科、医科的融合，产生交叉学科——机器人学、精准医疗、智慧健康等；人工智能与神经科学的融合，派生出新兴研究领域——类脑计算；人工智能与人文社科的融合，是双向、深层次融合，不仅促成了计算社会学、人工智能伦理与安全等学科方向，还对文明的演化和社会的治理具有重要意义。

呼应人工智能对内融合、对外交叉这一发展趋势，我们以“通识、通智、通用”的理念构建了通用人工智能人才培养体系：“通识”以人本思想、全人发展理念作为指导，涵盖人工智能与艺术、人工智能与人文等课程；“通智”强调人工智能的学科内涵，覆盖人工智能核心理论、方法和技术，包括计算机视觉、自然语言处理、机器学习、认知推理、机器人学和多智能体六大领域；“通用”关注人工智能作为工具为应用型产业赋能的潜力，涵盖人工智能与健康、人工智能与金融等课程。

1.5 智能学科发展愿景

当前以“数据驱动”的大模型为代表的人工智能发展遇到无法回避的障碍，表现在强烈依赖于数据、模型不可解释、缺乏常识理解等，主要原因在于其不具备人类的认知和推理能力，更缺乏人类的情感和价值观，其思想来源干涸，即缺“心”。一个不能理解人类、不能理解社会的模型，就无法造福人类社会。人工智能只有提升对人类及社会的认知与理解水平，才能更好地服务于人类社会。

人工智能与人文社科交叉是为机器立“心”的重要路径。人工智能与人文社科的深度融合和大跨度交叉，将为人工智能的发展开辟新的路径，是驱动人工智能持续发展的新的动力源头。理论物理学家费曼（Feynman）说过：“凡是我不能创造的，我就不能理解（What I cannot create, I do not understand）。”换言之，如果人类不能实现对自身和社会有准确的认知和理解，则很难造出像人类一样的智能体。要实现人类水平的智能，首先就要理解人与智能的本质，而这是人工智能难以独立完成的，需要人文社科的指引与协助，通过与人文社科交叉为机器立“心”。

为机器立“心”，就是要用人文社科的思想赋能人工智能，给机器建立三观，让机器具有人类一样的“价值观”，开发出拥有常识理解和推理能力，能够实现快速学习、任务迁移，符合人类价值观的通用人工智能体。这其中的关键就是寻找一个统一的人工智能认知架构，以实现人工智能从“专项人工智能”向“通用人工智能”转变。

另外，还要为人文赋“理”，就是用数理模型研究并赋能人文、社会科学、哲学、艺术等学科，为它们的发展提供新的方法、模型和理论工具，例如用全新的方式解读儒释道的经典，诠释并弘扬中华优秀传统文化。“为人文赋理”的目的是用数理模型表示人文经典，用人工智能系统可以理解的方式了解人类文明，从而构建起人工智能与人文社科沟通的桥梁。虽然数字人文、计算人文发展多年，但总体数理建模能力严重滞后，需付出极大的努力来提升其数理水平，这是高等教育中传统人文学科发展的一次重大机遇。

未来，通用人工智能的发展将重塑人类文明。随着智能时代的来临，通用智能体的出现，人类文明与人工智能将有新的冲突与融合，出现人、机混合的文明。前沿的人工智能科学家现在开始意识到：人类智能不是唯一的智能，人只是一种更高级的通用智能体，但不是终结，人已不再特殊。人类社会发展已经完成了由自然人到社会人的转变，现在正在向智能人的阶段迈进。人工智能学者有责任从哲学的高度和视角加以解释和引领，从全球视野、人类进步的高度创造出与科技进步相匹配的新的思想和理论。

在人、机混合的时代，我们要重新思考人性和人文，创造属于中国自己的新文明，引领世界未来发展。这是一次新的关乎中华民族未来命运的机遇，我们要以中国东方哲学思想，重塑世界科技前沿，重新定义人文与社科，**建设全球人工智能创新策源地。以中国之思想，创世界之科技。**

第二章

通用人工智能人才培养体系概述

2.1 人工智能人才培养现状

规模化的高层次人才队伍是人工智能创新的核心。目前，全球人工智能竞争如火如荼，快速扩张和高速发展暴露了人工智能人才存量不足、质量不高、增量有限等问题。

教育部于2018年出台《高等学校人工智能创新行动计划》，提出应“完善人工智能领域人才培养体系，推动高校建立与科技创新、产业发展需求相适应的人才培养体系”；2020年印发《关于“双一流”建设高校促进学科融合 加快人工智能领域研究生培养的若干意见》，鼓励高校在深化人工智能学科内涵基础上，“构建基础理论人才与‘人工智能+X’复合型人才并重的培养体系，探索深度融合的学科建设和人才培养新模式”。

在系列政策的推动下，不少高校制订了人工智能人才培养方案，并设计了相应课程，有些教育实践取得了一定成效，但整体亦存在一些问题。

其一，缺乏基于人工智能学科内涵和外延的系统性指导框架。人工智能热潮引发了家长和学生对于人工智能专业的追逐，一些培养方案名义上纳入了人工智能特色，但实际上多数采用简单的“拼盘化”思路，针对热点增设几门相关的课程，尚未科学地、系统地对课程体系进行设计，无法准确定位人工智能前沿的问题，如意识、理论、方法和技术，不足以称之为真正的人工智能人才培养体系。

其二，缺乏高层次人才培养所需的本硕博一体化体系。为培养“面向世界科技前沿”和“面向国家重大需求”的高层次领军人才，需要更长的人才培养周期。目前已有的培养方案多以学历（如本科、硕士）作为节点进行相应的设计，缺乏长程的本硕博贯通的一体化培养方案。

其三，缺乏人工智能“学—研—产—用”的生态链布局。人工智能作为颠覆性技术，对产业和社会经济的影响力巨大。人工智能人才培养，需要面向呼应全产业链和社会发展的需求，不应只局限于课堂之内，更应强调学以致用的实践能力。故高校联合科研机构或企业搭建互利共赢的科研实践平台，在课程体系内增加科研实践训练的比重，是人工智能人才培养中不可或缺的一环。

2.2 通用人工智能人才培养体系的理念

我们旨在提出一套通用人工智能方向的本硕博贯通式人才培养体系，其核心培养目标是：培养面向世界科技前沿的人工智能复合型顶尖人才。在充分把握人工智能“对内融合、对外交叉”这一学科特点的基础上，我们提出了“通识、通智、通用”的培养理念。

人才培养以“通识”为基底，通识教育最早起源于古希腊时期的博雅教育理念，鼓励学生早期不囿于细分的专业化知识，而是在不同学科间尤其是人文学科融会贯通，以培养其独立思考的能力和人文情怀，使其真正成长为丰盈的个体。今日，人工智能正在进入人文社科的腹地，它和人文社科的深度交叉让传统学科焕发生机。具体通识课程包括：人工智能与艺术、人工智能与人文、人工智能与社会科学等。

人才培养以“通智”为核心，即帮助学生理解和掌握人工智能专业的基础理论和方法，并构建智能学科的知识图谱和领域全局观。通智课程包含通用人工智能发展所需的六个领域（计算机视觉、自然语言处理、认知推理、机器学习、机器人学、多智能体）的相关课程。通智课程的设置回应了人工智能作为新兴独立学科的内涵以及核心问题，启发学生在前沿科研方向上求索。

人才培养以“通用”为支撑，即让学生掌握人工智能的基础支撑学科（比如数学、物理学、计算机）的知识和技能，并具备科研探索精神和切实的动手实践能力，能将所学应用到健康、医疗、金融、智能制造等领域的产业，为社会创造价值。

综上，我们希望培养具备人文素养和家国情怀、独立思辨和跨学科思维，掌握人工智能核心理论和技术，勇于实践开拓科研格局的高层次复合型人工智能人才。我们的培养理念可总结为如下公式：

通识 + 通智 + 通用 = 通才

这套培养体系具备以下两大特色：

其一，注重人才长程的全面发展和综合素养。“通识、通智、通用”的培养理念贯穿本硕博，形成一体化的人才成长路径。我们坚信，只有理论和实践并重、具有健全人格和专业素养的年轻人才能够引领人工智能的未来发展方向。

其二，在课程设置上，纵向扎根与横向拓宽并举。一方面，以涵盖人工智能专业知识体系的通智课程为核心，辅之实践为导向的通用课程。这样，学生得以加深对学科内涵的理解，并打下坚实的科研基础，有利于其继续深造，面向世界科技前沿，探索人工智能无人之境。另一方面，通识课程强调人工智能的跨学科交叉，人工智能与艺术、人工智能与人文、人工智能与社会科学等课程有助于学生理解人工智能的外延。通过引入其他学科的问题、方法、理论和实践经验，透过交叉，创造性地建立新的学科及其相应的理论和技术，横向拓宽学生潜在的职业发展道路。

2.3 通用人工智能人才培养体系实践初步

这套本硕博贯通式通用人工智能人才培养体系依托北京大学、清华大学开展了教育实践，以北京通用人工智能研究院为校外实训基地。此套培养体系可推广到国内各高校。

2.3.1 北京大学通用人工智能人才培养概述

北京大学是我国最早开展人工智能研究的大学之一，1988 年成立了人工智能领域最早的国家重点实验室之一，2002 年创办了我国第一个智能科学系，2007 年最早建成本硕博完整的培养体系。2019 年成立了人工智能研究院，它作为校级实体机构推动人工智能前沿交叉研究。2021 年成立了智能学院，进一步整合原智能科学系和王选计算所的力量，并将“智能科学与技术”设立为“双一流”建设学科。

北京大学对“智能科学与技术”和“人工智能”两个专业做了如下布局：智能科学与技术专业注重智能科学与智能技术相关的数理基础和专业知识，强调学科自身各分支知识体系的融合和统一，隶属于智能学院；人工智能专业在注重智能专业相关数理基础和专业知识的同时，更强调与其他学科（人文、社科、理科、医科等）的交叉，需要建立独有的学科交叉课程培养体系（如数字人文、智慧法治、智能社会等），隶属于人工智能研究院。人工智能研究院是校属交叉研究平台，便于与北京大学各院系的交叉发展，该研究院2021年获批“人工智能”本科专业和博士学位点，此专业也成为北京大学自设一级学科。

本书第三至五章会具体介绍这套本硕博贯通式通用人工智能人才培养体系的详细内容，其中第三章为北京大学人工智能专业本科生培养体系，即依托北京大学元培学院建设的通用人工智能实验班（简称“通班”）的课程体系与培养情况；第四章为北京大学人工智能交叉方向研究生培养体系，重在人工智能的对外学科交叉，依托北京大学人工智能研究院进行培养（学生选择人工智能的交叉学科进行研究），旨在产生创新的跨学科交叉探索成果；第五章为北京大学智能科学与技术专业研究生培养体系，重在人工智能的对内学科融合，依托北京大学智能学院进行培养（学生以人工智能的具体子领域为研究方向），旨在突破前沿基础理论。

图 2-1　北京大学第一届通用人工智能实验班（部分同学）

图 2-2　北京大学第二届通用人工智能实验班（部分同学）

2.3.2　清华大学通用人工智能本科生因材施教培养计划概述

清华大学是我国乃至世界人工智能领域一支重要的学术力量，为人工智能培养了大量的人才。清华大学自动化系在人工智能领域具有雄厚的研究基础，特别是在计算机视觉、智能机器人等领域上有突出的成果。基于清华大学自动化系在人工智能师资力量与学科建设上的积累，清华大学于2021年4月建立了通用人工智能本科生因材施教培养计划。

自动化学科本身就是一个交叉领域，与电子、医学、制造等领域都有交叉，这与“小数据、大任务”的通用人工智能科研范式非常契合。除了“智能”以外，上述依托清华大学自动化系的培养计划还强调“系统”，用控制论、信息论、系统论的理念来培养学生，这也与追求人工智能大一统的理论和研发通用人工智能系统的思路契合。本书第六章会具体介绍清华大学通用人工智能本科生因材施教培养计划的详细内容。

图 2-3　清华大学第一届通用人工智能本科生因材施教培养计划学生（部分同学）

2.3.3　北京通用人工智能研究院支撑人才培养概述

北京通用人工智能研究院（简称“通研院”）是定位于非营利性的新型研发机构，由北京市政府、科技部、教育部支持建设，北京大学、清华大学等优势单位合作支撑，其目标是实现具有自主的感知、认知、决策、学习、执行和社会协作能力，符合人类情感、伦理与道德观念的通用智能体。

作为一流的研发机构，通研院开创了与北京大学和清华大学共建的未来通用人工智能人才培养模式，搭建了复合型的师资结构，形成战略科学家引领开题，领军人才和青年科学家做项目导师，学生自主进行前沿科研实践的梯队组合拳，使得人才培养和科研工作紧密融合为一体，以便为未来打造一支兼具人文素养和专业深度的科技王牌军。

图 2-4　通研院开展北京大学与清华大学通用人工智能人才联合科研实训

图 2-5　北京大学与清华大学通班优秀科研课题答辩与颁奖典礼

第三章

北京大学人工智能专业本科生培养体系

3.1 培养目标

人工智能专业面向国家新一代人工智能发展的重大需求，培养既掌握人工智能核心领域专业基础理论知识、技术和方法，又掌握交叉学科知识，具备健康体魄与健全人格、独立思考与跨学科思维、国际视野与家国情怀的卓越学术人才，解决新一代人工智能的核心问题和技术难点，推进技术进步，引领社会发展。

3.2 培养要求

人工智能专业要培养具有如下素质的学生：系统掌握人工智能专业及相关交叉学科的基础知识、基本理论、思维方式和研究方法；具有跨学科思维和批判性思维，具有创新意识和实践能力，具备自主学习、自我发展的意识和能力，熟练掌握一门外语，具有国际视野以及跨文化交流、竞争与合作的能力；养成较强的学习、表达、交流和协调能力，具有团队合作精神。

3.3 毕业要求及授予学位类型

对于在学校规定的学习年限内修完培养方案规定的内容，成绩合格，达到学校毕业要求的学生，准予毕业，学校颁发毕业证书；对于符合学士学位授予条件的学生，授予学士学位。授予学位类型：工学学士学位；毕业总学分：140学分；具体毕业要求如下：

1. 公共基础课：44 ～ 50 学分	1-1 公共必修课：32 ～ 38 学分
	1-2 通识教育课：9 学分
	1-3 大学成长课：3 学分
2. 专业必修课：75 学分	2-1 专业基础课：25 学分
	2-2 专业核心课：44 学分
	2-3 毕业论文：6 学分
3. 选修课：15 学分	3-1 专业选修课：5 学分
	3-2 自主选修课：10 学分

说明：

【公共必修课】：32～38学分，参见“1-1公共必修课”的说明。不足38学分的部分，可由任意课程补足。

3.4 专业课程体系

人工智能专业课程体系主要由五大课程群组成：数学和物理类课程群、计算机基础课程群、人工智能核心课程群、人工智能交叉课程群、科研与实践课程群。

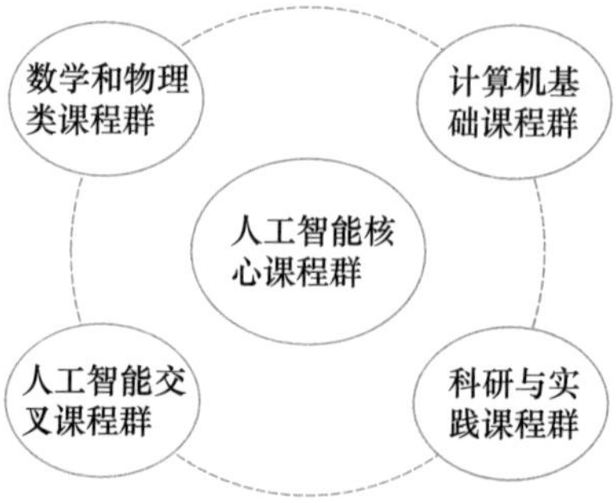

图 3-1　人工智能专业课程体系

3.5 课程设置

1. 公共基础课：44～50学分

1-1　公共必修课：32～38学分

课程名称	学分	周学时	实践总学时	选课学期及说明
大学英语系列课程	2～8	—	—	按学校要求选课
思想政治理论必修课	19	—	—	按学校要求选课
思想政治理论选择性必修课	（1门）	—	—	按学校要求选课
劳动教育课	（32学时）	—	—	按学校要求选课
军事理论	2	2	0	一上
体育系列课程	1×4	2	0	全年
计算概论A	3	3	0	一上
计算概论A上机	0	2	32	一上
数据结构与算法A	3	4	32	二上

说明：

【大学英语系列课程】：2～8学分，根据新生进校英语分级考试成绩，分为C+级、C级、B级、A级、Y级，其相应学分要求为2学分、4学分、6学分、8学分、8学分。如专业无特殊要求，不足8学分的部分，由任意课程补足。

【思想政治理论必修课】：19学分，课程包括：思想道德修养与法律基础（3学分）、中国近现代史纲要（3学分）、毛泽东思想与中国特色社会主义理论体系概论（3学分）、马克思主义基本原理概论（3学分）、习近平新时代中国特色社会主义思想概论（3学分）、形势与政策（2学分）、思想政治实践（2学分）。部分专业的港澳台学生、留学生可免修，不足学分用“与中国有关课程”补足。

【体育系列课程】：4学分，每门课1学分，其中“太极拳”为男生必修，“健美操”为女生必修。剩下3学分，可任选学校所开设的体育课，原则上四年期间修完即可，建议在大学四年级之前修完。特别强调：体育课每学期只能选1门，务必合理安排选课时间。

1-2　通识教育课：9学分

1-2-1　新生讨论课：1学分

选课要求：限本科一年级学生选修，任选1门。

课程名称	课程类型
海洋与气候变化	专业任选
苏轼的文学与人生	专业任选
从发展视角理解中国经济	专业任选
环境问题背后的逻辑	专业任选
自由与教育：卢梭的《爱弥儿》	专业任选
变异：电影世界中人之形象的转变	专业任选
营造学社与中国建筑	专业任选
20 世纪的媒介、科学与战争	专业任选
教育：自我、社会与文化	专业任选
经济决策与大脑	专业任选
北京历史地理	专业任选
古希腊悲剧伦理	专业任选
金融与社会	专业任选
探索颅内“黑箱”的奥秘——脑科学导论	专业任选
视觉科学与视觉艺术	专业任选
数学 - 建模 - 预测的研究性学习讨论课	专业任选
人工智能与游戏	专业任选
《曾国藩家书》与中国传统家庭	专业任选
作为生活的政治：《论语》中的政治思想世界	专业任选
文明演进与社会转型	专业任选
整合科学讨论班	专业任选
数学 + 编程	专业任选

1-2-2　通识教育系列课程：8学分

选课要求：本专业各年级学生均可选修，第Ⅰ、Ⅱ类至少选1门，第Ⅲ、Ⅳ类至少选1门。这里，第Ⅰ类：中国古典文明；第Ⅱ类：西方古典文明；第Ⅲ类：现代中国；第Ⅳ类：现代世界；第Ⅴ类：现代科学。

元培学院单独开设的通识教育系列课程

课程名称	学分	学时	类型	选课学期
《庄子》精读	2	32	Ⅰ	上
中国通史（古代部分）	2	32	Ⅰ	下
《理想国》精读	3	48	Ⅱ	上
中国社会研究	3	48	Ⅲ	上
中国社会研究（政治学）	3	48	Ⅲ	下

续表

课程名称	学分	学时	类型	选课学期
西方现代政治	3	48	Ⅳ	下
现代社会的基础：文化与文明	2	32	Ⅳ	下
科学史	2	36	Ⅴ	上
创新产品研发基础	2	36	Ⅴ	上

其他通识教育系列课程

课程名称	开课院系	学分	类型	选课学期
《四书》精读	哲学系	2	Ⅰ	下
国外社会学学说（上）	社会学系	2	Ⅳ	上
西方政治思想（现代）	哲学系	2	Ⅳ	上
现代西方社会思想	社会学系	2	Ⅳ	下
生物进化论	生命科学学院	2	Ⅴ	上
普通生物学（B）	生命科学学院	2	Ⅴ	上
演示物理学	物理学院	2	Ⅴ	上
简明量子力学	物理学院	2	Ⅴ	下

1-3　大学成长课：3学分

课程名称	学分	周学时	实践总学时	选课学期
新生教育实践课程	1	1	16	一上
书院成长课程（上）	1	1	32	二上、下
书院成长课程（下）	1	1	32	三上、下

2. 专业必修课：75学分

2-1　专业基础课：25学分

课程名称	学分	周学时	实践总学时	选课学期
数学分析（Ⅰ）	5	6	34	一上
线性代数 A	5	6	34	一上
数学分析（Ⅱ）	5	6	34	一下
概率统计 A	3	3	0	一下
近现代物理导论（Ⅰ）	4	4	0	二上
近现代物理导论（Ⅱ）	3	4	0	二下

2-2　专业核心课：44学分

课程名称	学分	周学时	实践总学时	选课学期
人工智能初级研讨班	1	2	0	一下
人工智能基础	3	3	0	一下
人工智能基础实践课	0	2	32	一下
计算机系统导论	5	4	0	二上
计算机系统导论讨论班	0	2	32	二上
离散数学与结构（Ⅰ）	3	3	0	二上
算法设计与分析	5	4	0	二下
算法设计与分析（研讨型小班）	0	2	32	二下

续表

课程名称	学分	周学时	实践总学时	选课学期
机器学习	3	3	0	二下
人工智能中的数学	3	3	0	二下
人工智能系统实践（Ⅰ）：基础实践	2	2	24	三上
计算机视觉	3	3	0	三上
基于深度学习的自然语言处理	3	3	0	三下
人工智能系统实践（Ⅱ）：进阶实践	2	2	28	三下
机器人学	3	3	0	三上
多智能体系统	3	3	0	三下
人工智能系统实践（Ⅲ）：高阶实践	2	2	28	四上
认知推理	3	3	0	四上

2-3　毕业论文：6学分

3. 选修课：15学分

3-1　专业选修课：5学分

多余学分可计入3-2自主选修学分。

课程名称	学分	周学时	实践总学时	选课学期
程序设计实习	3	4	32	一下
人工智能、伦理与治理	2	2	0	二上
人工智能与社会科学	2	2	2	二下
人工智能与艺术	2	2	32	三上
人工智能与芯片设计	2	2	12	三上
人工智能与人文	3	3	0	三下
人工智能与商学	3	3	0	四上

3-2　自主选修课：10学分

选课要求：选修不少于10学分。

课程名称	学分	周学时	实践总学时	选课学期
微电子与电路基础	2	3	16	一下
电子系统基础训练	1	2	28	二上
信号与系统	3	3	6	三上
信息论	2	2	0	三上
随机过程引论	2	2	0	三下
自动控制理论	2	2	8	三下
凸分析与优化方法	3	3	0	三下
理论计算机科学基础	3	3	0	三下
操作系统	4	5	32	三上、下
计算机组织与体系结构	3	3	0	三上、下
编译原理	4	5	32	三上、下
计算机网络	4	5	32	三上、下
并行与分布式计算导论	3	3	0	三下
强化学习	3	3	0	三上
北京大学理学部、信息与工学部、经济与管理学部的所有专业核心课	—	—	—	—

以上表格中仅列出近年及计划开设的课程，具体以实际开课为准。

3.6 学期安排

基础课与核心课的时间安排见图3-2。

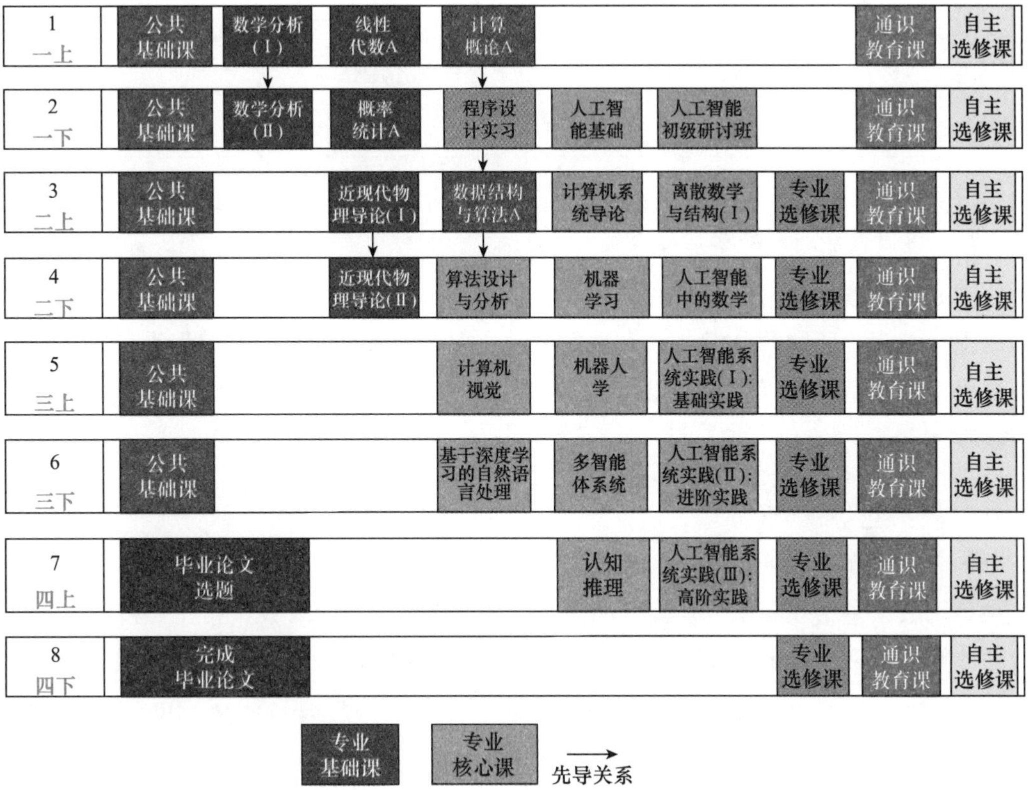

图 3-2　人才培养课程修读路线图

3.7 专业相关主要课程纲要

3.7.1　数学和物理类课程

3.7.1.1　数学分析（Ⅰ）

一、课程基本情况

课程名称	数学分析（Ⅰ）											
	Mathematical Analysis（Ⅰ）											
开课时间	一年级			二年级			三年级			四年级		
	秋	春	暑	秋	春	暑	秋	春	暑	秋	春	暑
适用院系	元培学院、信息科学技术学院、人工智能研究院、智能学院											

续表

课程定位	学院平台课
学分	5 学分
总学时	102 学时，每周 4+2 学时
先修课程	无
后续课程	数学分析（Ⅱ）
教学方式	课堂讲授、习题讲解
课时分配	课堂讲授（68 学时）+ 习题讲解（34 学时）
考核方式	平时作业占 20%，期中考试（闭卷）占 20%，期末考试（闭卷）占 60%
主要教材	彭立中、谭小江，数学分析（第 1 册），高等教育出版社
参考资料	1. 方企勤，数学分析（Ⅰ），高等教育出版社 2. 张筑生，数学分析新讲（第一册），北京大学出版社

二、教学目的和基本要求

本课程和数学分析（Ⅱ）的基本内容包括极限论、微分学、积分学、级数理论，在教学上可分为一元微积分学、多元微积分学、高等分析三部分。本课程为各门后继课程，提供必需的基础知识和基本能力以及思维方法的训练，为以后的学习、研究和应用打好基础。

三、课程的构架和知识点

第一节：函数（Functions），8学时

初等函数（包括双曲函数及其反函数），函数的一般概念（几个常见经济学函数，函数的计算机作图），复合函数和反函数方面的基础知识

Elementary functions （including hyperbolic functions and their inverse functions）, the general concept of functions （a few common functions in economics, computer drawing of functions）, basic knowledge of composite functions and inverse functions

第二节：极限（Limits），20学时

序列极限的定义；序列极限的性质和运算；确界，单调有界序列，区间套定理，子序列定理；函数的极限；函数极限的推广（28种极限正反命题，性质定理的举一反三训练）；极限存在性理论，两个重要极限；序列极限与函数极限的关系

Definition of the limit of a sequence; Properties and operations of limits of sequences; Supremum and infimum, bounded monotonic sequences, nested interval theorem, subsequence theorem; Limit of a function; Extension of function limits （28 positive and negative propositions on limits, exercises on the applications of the theorems of properties）; The existence theory of limits, two important limits; The relationship between sequence limits and function limits

第三节：连续函数（Continuous functions），8学时

连续和间断，连续函数的性质（基本性质，复合函数连续性，闭区间连续函数性质），初等函数连续性

Continuity and discontinuity, the properties of continuous functions（basic properties, continuity of composite functions, properties of continuous functions on closed intervals）, continuity of elementary functions

第四节：导数和微分（Derivatives and differentials），20学时

导数的定义，初等函数的导数，导数的四则运算，求导的几种技巧，高阶导数，微分，微分中值定理，L'Hospital法则

Definition of derivatives, the derivative of elementary functions, the four basic operations of derivatives, some techniques for deducing the derivatives, high-order derivatives, differentials, the mean value theorem of differentials, L'Hospital rule

第五节：不定积分（Indefinite integrals），17学时

原函数，换元法，分部积分法，有理函数的积分，三角函数有理式的积分，无理函数的积分（椭圆积分简介）

The primitive function, method of substitution, method of integration by parts, integrals of rational functions, integrals of rational functions of trigonometric functions, integrals of irrational functions（introduction to elliptic integrals）

第六节：定积分（Definite integrals），11学时

定积分的概念，定积分与不定积分的关系；定积分的性质；定积分的换元法、分部积分法；第一、二中值定理

Concept of definite integrals, the relation between definite and indefinite integrals; Properties of definite integrals; Definite integral by substitution and parts; The first and the second mean value theorems

第七节：微积分的应用（Applications of calculus），18学时

定积分的几何应用；定积分的物理应用；定积分在经济中的应用（边际，弹性）；无穷小量与无穷大量的比较；Taylor公式；函数的单调性与极值，凹凸性，拐点

Applications of definite integrals to geometry; Applications of definite integrals to physics; Applications of definite integrals to economy（margin, elasticity）; Comparison of infinitesimals and infinities; Taylor formula; Monotonicity and extremes of functions, convexity, concavity and inflection points

3.7.1.2 数学分析（Ⅱ）

一、课程基本情况

课程名称	数学分析（Ⅱ）											
	Mathematical Analysis （Ⅱ）											
开课时间	一年级			二年级			三年级			四年级		
	秋	春	暑	秋	春	暑	秋	春	暑	秋	春	暑
适用院系	元培学院、信息科学技术学院、人工智能研究院、智能学院											
课程定位	学院平台课											
学分	5 学分											
总学时	102 学时，每周 4+2 学时											
先修课程	数学分析（Ⅰ）											
后续课程	—											
教学方式	课堂讲授、习题讲解											
课时分配	课堂讲授（68 学时）+ 习题讲解（34 学时）											
考核方式	平时作业占 20%，期中考试（闭卷）占 20%，期末考试（闭卷）占 60%											
主要教材	谭小江、彭立中，数学分析（第 2，3 册），高等教育出版社											
参考资料	1. 方企勤，沈燮昌，数学分析（2），高等教育出版社 2. 廖可人，李正元，数学分析（3），高等教育出版社 3. 张筑生，数学分析新讲（第二、三册），北京大学出版社											

二、教学目的和基本要求

本课程和数学分析（Ⅰ）的基本内容包括极限论、微分学、积分学、级数理论，在教学上可分为一元微积分学、多元微积分学、高等分析三部分。本课程为各门后继课程提供必需的基础知识和基本能力以及思维方法的训练，为以后的学习、研究和应用打好基础。

三、课程的构架和知识点

第一节：实数理论，极限绪论（Real number theory, an introduction to limits），16学时

从自然数到有理数；实数的定义（戴德金分割）；实数的性质；确界存在定理，区间套定理，聚点；紧性定理（序列紧，有限覆盖，再论一致连续）；完备性（Cauchy基本列，实数的另一种定义方法）；上极限与下极限

From natural numbers to rational numbers; Definition of real numbers （Dedekind cut）; Properties of real numbers; The existence theorem of supremum and infimum, theorem of nested intervals, accumulation points; The compactness theorem （sequential compactness, finite coverage, more on uniform continuity）; Completeness （Cauchy basic sequence, alternative definition of real numbers）; Upper limits and lower limits

第二节：函数的可积性（The integrability of functions），9学时

Darboux上、下和，上、下积分；函数可积的充要条件，可积函数类；微积分基本定理；变限积分，原函数存在的充分条件

Darboux upper and lower summation, upper and lower integrals; The sufficient and necessary conditions for a function being integrable, class of integrable functions; The fundamental theorem of calculus; Uncertain limit integrals, a sufficient condition for the existence of the primitive function

第三节：欧几里得空间点集拓扑初步，连续函数（An introduction to point set topology in Euclidean space, continuous functions），11学时

欧几里得空间中的极限理论，完备性；欧几里得空间中的点集拓扑，开集，闭集；欧几里得空间中的紧性和完备性；多元数值函数和向量值函数的极限（整体极限与累次极限），连续函数；紧集上的连续函数，一致连续

The limit theory in Euclidean space, completeness; The point set topology in Euclidean space, open sets, closed sets; The compactness and completeness in Euclidean space; The limits of multivariate real valued functions and vector valued functions（overall limit and the repeated limit）, continuous functions; Continuous functions on a compact set, uniform continuity

第四节：多元函数微分学（Multivariate differential calculus），13学时

偏导数，全微分，微分的几何意义，高阶偏导数；复合函数的导数，方向导数与梯度；高阶微分和Taylor公式

Partial derivatives, total differentials, geometric meaning of differentials, high-order partial derivatives; Derivatives of composite functions, directional derivatives and gradients; High-order differentials and Taylor formula

第五节：隐函数定理（Implicit function theorem），6学时

Jacobi矩阵与Jacobi行列式，隐函数定理，逆变换定理

Jacobi matrices and Jacobi determinants, implicit function theorem, inverse transform theorem

第六节：多元函数的极值问题（Extremum problems of multivariate functions），8学时

普通极值问题，条件极值问题，Lagrange乘子法，最小二乘法

General extreme value problems, conditional extremum problems, the Lagrange multiplier method, the least squares method

第七节：重积分（Multiple integrals），11学时

重积分的定义，重积分的存在性与性质，化重积分为累次积分，重积分的变量替换，Gamma函数和Beta函数的应用

Definition of multiple integrals, the existence and properties of multiple integrals, change multiple integrals to repeated integrals, variable substitution for multiple integrals, applications of Gamma function and Beta function

第八节：曲线积分，曲面积分和场论（Curvilinear integrals, surface integrals and field theory），16学时

曲线积分，曲面积分，场论基本概念，Green公式，Gauss公式，狭义Stokes公式，曲线积分与路径无关的条件

Curvilinear integrals, surface integrals, basic concepts of field theory, Green formula; Gauss formula, special Stokes formula, conditions for the curvilinear integral being independent of integral paths

第九节：Grassmann代数与微分形式（Grassmann algebra and differential forms），12学时

Grassmann代数与微分形式，微分形式的拉回，微分流形，微分流形上微分形式的积分，Stokes公式

Grassmann algebra and differential forms, pullback of differential forms, differential manifolds, integral of differential forms on differential manifolds, Stokes formula

3.7.1.3 线性代数 A

一、课程基本情况

<table>
<tr><td rowspan="2">课程名称</td><td colspan="12">线性代数 A</td></tr>
<tr><td colspan="12">Linear Algebra （A Level）</td></tr>
<tr><td rowspan="2">开课时间</td><td colspan="3">一年级</td><td colspan="3">二年级</td><td colspan="3">三年级</td><td colspan="3">四年级</td></tr>
<tr><td>秋</td><td>春</td><td>暑</td><td>秋</td><td>春</td><td>暑</td><td>秋</td><td>春</td><td>暑</td><td>秋</td><td>春</td><td>暑</td></tr>
<tr><td>适用院系</td><td colspan="12">元培学院、信息科学技术学院、人工智能研究院、智能学院</td></tr>
<tr><td>课程定位</td><td colspan="12">学院平台课</td></tr>
<tr><td>学分</td><td colspan="12">5 学分</td></tr>
<tr><td>总学时</td><td colspan="12">102 学时，每周 4+2 学时</td></tr>
<tr><td>先修课程</td><td colspan="12">无</td></tr>
<tr><td>后续课程</td><td colspan="12">—</td></tr>
<tr><td>教学方式</td><td colspan="12">课堂讲授，习题讲解</td></tr>
<tr><td>课时分配</td><td colspan="12">课堂讲授（68 学时）+ 习题讲解（34 学时）</td></tr>
<tr><td>考核方式</td><td colspan="12">平时作业占 10%，期中考试占 30%，期末考试占 60%</td></tr>
<tr><td>主要教材</td><td colspan="12">教师自编讲义</td></tr>
<tr><td>参考资料</td><td colspan="12">1. 蓝以中，高等代数简明教程（第 3 版）（上册），北京大学出版社
2. 丘维声，高等代数（第 2 版）（上册），高等教育出版社
3. 北京大学数学力学系几何与代数教研室代数小组，高等代数讲义，高等教育出版社</td></tr>
</table>

二、教学目的和基本要求

本课程主要使学生掌握线性方程组、矩阵、行列式、线性空间、线性变换（映射）、欧氏空间、二次型、正定矩阵等知识。

三、课程的构架和知识点

第一节：向量空间与矩阵（Vector spaces and matrices），26学时

n维向量空间；向量组的线性相关与线性无关，极大线性无关组与秩；矩阵的秩；

线性方程组，消元法；线性方程组理论；矩阵运算；方阵，初等矩阵，逆矩阵；分块矩阵

The *n*-dimensional vector space; Linear dependence and linear independence of vectors, maximal linearly independent systems and rank; The rank of a matrix; System of linear equations, the method of elimination; The theory of system of linear equations; Matrix operations; Square matrices, elementary matrices, the inverse matrix; Partitioned matrices

第二节：行列式（Determinants），13学时

行列式的定义，行列式的性质，行列式的应用（Cramer法则，矩阵的秩与余子式的关系），行列式的完全展开

Definition of determinants, properties of determinants, applications of determinants（Cramer rule, relation between the rank of a matrix and its cofactors）, the full expansion of determinants

第三节：线性空间（Linear spaces），19学时

线性空间的基本概念；基与维数，坐标；基变换，坐标变换公式；子空间，子空间的交与和，维数公式；子空间的直和；商空间

Basic concepts of linear spaces; Bases and dimensions, coordinates; Transformation of bases, coordinate transformation formula; Subspaces, the intersection and the sum of subspaces, dimension formula; Direct sum of subspaces; Quotient spaces

第四节：线性变换（Linear transformations），16学时

线性映射的基本概念，同构映射；线性映射的像与核，维数关系；线性映射的运算与矩阵表示；线性变换的基本概念，线性变换的运算，不同基下的线性变换矩阵，相似矩阵；特征值与特征向量；线性变换矩阵可对角化的条件

Basic concepts of linear mapping, isomorphic mapping; The image and the kernel of linear mapping, dimensional relationship; Operations and matrix representation of linear mapping; Basic concepts of linear transformations, operations of linear transformations, the matrix of a linear transformation in different bases, similar matrices; Eigenvalues and eigenvectors; The conditions of diagonalizability of the matrix of a linear transformation

第五节：带度量的线性空间（Metric linear space），16学时

欧氏空间的基本概念；正交变换（等价定义，乘积及逆，度量矩阵的标准形）；对称变换；用正交矩阵将实对称矩阵化为对角形；酉空间，酉变换，共轭变换，Hermite变换

Basic concepts of the Euclidean space; Orthogonal transformations（equivalent definitions, multiplication and inverse, standard forms of metric matrices）; Symmetric transformations; Diagonalizing a real symmetric matrix using orthogonal matrices; Unitary spaces, unitary transformations, conjugate transformations, Hermite transformations

第六节：双线性函数与二次型（Bilinear functions and quadric forms），12学时

线性函数与双线性函数（定义，矩阵，不同基下的矩阵，合同矩阵）；对称双线性函数与二次型，对称矩阵合同于对角矩阵；实、复二次型的分类；正定二次型（三个刻画性质），负定二次型，半正定、半负定、不定二次型

Linear and bilinear functions （definition, matrices, matrices under different bases, congruent matrices）; Symmetric bilinear functions and quadratic forms, a symmetric matrix is congruent with a diagonal matrix; Classification of real and complex quadratic forms; Positive definite quadratic forms （three depicting properties）, negative definite quadratic forms, positive semi-definite / negative semi-definite / indefinite quadratic forms

3.7.1.4 概率统计 A

一、课程基本情况

课程名称	概率统计 A											
	Probability Theory and Mathematical Statistics （A Level）											
开课时间	一年级			二年级			三年级			四年级		
	秋	春	暑	秋	春	暑	秋	春	暑	秋	春	暑
适用院系	元培学院、信息科学技术学院、人工智能研究院、智能学院											
课程定位	学院平台课											
学分	3 学分											
总学时	48 学时											
先修课程	高等数学 / 数学分析、线性代数 A / 高等代数、集合论与组合数学											
后续课程	随机过程、算法设计与分析、机器学习、模式识别、网络信息处理、自然语言处理、生物信息学等											
教学方式	课堂讲授											
课时分配	均为课堂讲授（48 学时）											
考核方式	平时作业与小考占 10%，期中考试占 20%，期末考试占 70%。期中和期末考试采用闭卷方式											
主要教材	陈希孺，概率论与数理统计，中国科学技术大学出版社											
参考资料	1. W. Feller, An Introduction to Probability Theory and Its Applications（Volume I）（3rd Edition）, John Wiley & Sons, Inc. 2. P. J. Bickel, K. A. Doksum, Mathematical Statistics: Basic Ideas and Selected Topics（Volume II）, CRC Press. 3. V. K. Rohatgi, An Introduction to Probability Theory and Mathematical Statistics, John Wiley & Sons Inc.											

二、教学目的和基本要求

1. 以概率论和数理统计学的历史发展为背景，使学生掌握这两个数学分支的经典结果和应用方法。

2. 强调与概率统计有关的算法设计，紧密结合计算机进行实践。

3. 理论联系实际，让学生了解从建模到算法实现的整个过程。

三、课程的构架和知识点

第一节：随机事件与概率论的Kolmogorov公理化（Random events and Kolmogorov's axiomatization of probability），4学时

随机事件，概率论的Kolmogorov公理体系，条件概率，Bayes公式，随机事件之间的独立性

Random events, Kolmogorov's axioms for probability, conditional probability, Bayes formula, independence between random events

第二节：随机变量及其数字特征（Random variables and their numerical characteristics），8学时

随机变量及其分布函数，随机变量的函数，随机向量，边缘分布，条件分布，数学期望，方差，矩，熵，Markov不等式，Chebyshev不等式，随机变量之间的独立性，协方差，相关系数，回归

Random variables and their distributions, functions of random variables, random vectors, marginal distributions, conditional distributions, mathematical expectation, variance, moment, entropy, Markov's inequality, Chebyshev's inequality, independence between random variables, covariance, correlation coefficient, regression

第三节：特征函数（Characteristic functions），4学时

特征函数的基本性质，独立随机变量之和的特征函数，利用特征函数计算k阶原点矩，随机变量序列，依分布收敛，反演公式，连续性定理

Basic properties of characteristic functions, characteristic function of the sum of independent random variables, computing the k-th moment by characteristic function, sequences of random variables, convergence in distribution, inversion formula, continuity theorem

第四节：一些常见的分布（Some common distributions），3学时

随机数的线性同余产生器，单点分布、两点分布、二项分布、几何分布、Poisson分布等离散型随机变量的分布，均匀分布、正态分布、Laplace分布、Cauchy分布、Gamma分布、Beta分布、t分布、F分布、Pareto分布等连续型随机变量的分布以及一些以物理学家命名的分布，多项分布、Dirichlet分布、多元正态分布、Wishart分布等随机向量的分布

Linear congruential generator（LCG）of random numbers, distributions of discrete random variables（including one-point/two-point/binomial/geometric/Poisson distributions, etc.）, distributions of continuous random variables（including uniform/normal/Laplace/Cauchy/Gamma/Beta/Student's/Fisher/Pareto distributions, etc.）, and some distributions named by physicists, distributions of random vectors （including multinomial/Dirichlet/multivariate normal/Wishart distribution, etc.）

第五节：大数定律与中心极限定理（Laws of Large Numbers and Central Limit Theorems），6学时

依概率收敛，几乎必然收敛，Slutsky定理，以Chebyshev，Bernoulli，Poisson，Markov，Khintchine，Kolmogorov等人命名的弱大数定律，Borel强大数定律，Kolmogorov强大数定律，de Moivre-Laplace中心极限定理，Lindeberg-Feller中心极限定理，中心极限定理的应用

Convergence in probability, almost sure convergence, Slutsky theorem, Chebyshev's/Bernoulli's/Poisson's/Markov's/Khintchine's/Kolmogorov's weak law of large numbers（WLLN）, Borel's strong law of large numbers （SLLN）, Kolmogorov's SLLN, de Moivre-Laplace central limit theorem （CLT）, Lindeberg-Feller CLT, applications of CLTs

第六节：期中考试（Midterm exam），2学时

概率论及其应用

Probability theory and its applications

第七节：数理统计学的一些基本概念（Some basic concepts of mathematical statistics），4学时

总体，样本及其经验分布函数，样本矩，统计量及其抽样分布，自助法，充分统计量和 Fisher因子分解定理

Population, sample and its empirical distribution, sample moment, statistic and its sampling distribution, bootstrapping method, sufficient statistics and Fisher's decomposition theorem

第八节：参数估计理论（Estimation theory），5学时

Fisher信息量和CR不等式；点估计（相合性、无偏性、有效性、渐近正态性等），点估计的常用方法（矩方法、最大似然法）；Neyman的置信区间估计，包括 Markov不等式法、枢轴盘法、大样本法

Fisher's information and CR inequality; Point estimation （consistency, un-biasedness, efficiency, asymptotic normality, etc.）, the frequently-used methods of point estimation（moment method, maximum-likelihood method）; Neyman's confidence interval estimation, including the method based on Markov's inequality, pivot method, and large sample method

第九节：假设检验（Hypothesis testing），6学时

假设检验的两类错误，功效函数，Neyman-Pearson原则，一致最大功效检验，Neyman-Pearson引理，似然比检验和广义似然比检验，假设检验与置信区间的关系，大

样本检验（拟合优度检验、独立性的列联表检验等）

Two types of error in hypothesis testing, power functions, Neyman-Pearson principle, uniformly most powerful（UMP） tests, Neyman-Pearson lemma, likelihood-ratio（LR） tests and generalized LR tests, the relationship between hypothesis testing and confidence interval, large sample tests（goodness-of-fit tests, contingency table tests of independence）

第十节：线性模型的回归分析与方差分析（Regression analysis and ANOVA of linear models），4学时

线性回归模型，最小二乘估计，正则方程，Gauss-Markov定理，线性回归模型的假设检验，单因素、两因素方差分析

Linear regression models, least square estimate （LSE）, normal equations, Gauss-Markov theorem, hypothesis testing of linear regression models, one-way/two-way ANOVA

第十一节：统计决策理论与Bayes分析简介（A brief introduction to statistical decision theory and Bayesian analysis），2学时

损失函数，Bayes学派的期望损失原则，频率派的决策方法（极小极大原则，Bayes风险原则），Bayes分析概要（参数的先验与后验分布，Bayes层级模型等）

Loss functions, Bayesian principle of expected loss, frequentist decision methods（minmax principle, Bayesian risk principle）, a brief introduction to Bayesian analysis（prior/posterior distributions of parameter, Bayesian hierarchical models, etc.）

四、课程特色

1. 利用开源的统计计算软件 R 和符号计算工具 Maxima，直观并深入浅出地讲解概率统计中的基本概念和结论，重视培养学生的概率统计思维方式以及洞察力和动手能力。

2. 将概率统计的发展历史贯穿于整个教学，介绍其中关键数学家的主要贡献和思想，培养学生的学习兴趣和探求真理的精神。

3. 作为本课程的补充，简明扼要地介绍概率统计近期的一些重要成果，激发学生进行独立思考和科学创新。

4. 兼顾课程的深度和广度，提供丰富的参考文献和详尽的课外阅读指导，以及与课程配套的 R 和 Maxima 程序源码。

3.7.1.5　近现代物理导论（Ⅰ）

一、课程基本情况

课程名称	近现代物理导论（Ⅰ）											
	Introduction to Modern Physics（Ⅰ）											
开课时间	一年级			二年级			三年级			四年级		
	秋	春	暑	秋	春	暑	秋	春	暑	秋	春	暑
适用院系	元培学院、信息科学技术学院、人工智能研究院、智能学院											

续表

课程定位	学院平台课
学分	4 学分
总学时	58 学时
先修课程	高等数学 / 数学分析、线性代数 / 高等代数
后续课程	近现代物理导论（Ⅱ）
教学方式	课堂讲授、习题讲解
课时分配	课堂讲授（44 学时）+ 习题讲解（14 学时）
考核方式	平时作业占 15%，期中考试占 35%，期末考试占 50%。期中和期末考试均采用闭卷形式
主要教材	1. 舒幼生，力学（物理类），北京大学出版社 2. 刘川，理论力学，北京大学出版社 3. 力学与理论力学，教师自编讲义
参考资料	1. 周乐柱，理论力学简明教程，北京大学出版社 2. L.D. Landau, E.M. Lifshitz, Mechanics（3rd Edition），Butter-Heinemann

二、教学目的和基本要求

本课程主要使学生建立对经典力学的基本概念、规律的基本认识，学会用经典力学的方法来处理实际问题，了解分析力学的方法在物理问题中的应用，为进一步学习近现代物理打下基础。

三、课程的构架和知识点

第一节：质点运动学（Kinematics of particle），10学时

时空的测量，参考系；位矢，速度，加速度；平面曲线运动的自然坐标分解、极坐标分解；柱坐标、球坐标简介；相对运动，牵连速度及牵连加速度；Galileo变换；狭义相对论的基本原理，间隔不变与Lorentz变换；4-速度及速度变换

Measurement of space-time, frame of reference; Displacement vectors, velocity, acceleration; Natural coordinate decomposition and polar coordinate decomposition of motion on planar curve; A brief introduction to columnar coordinates and spherical coordinates; Relative motion, velocity and acceleration of following; Galilean transformations; Fundamentals of special relativity, interval invariance and Lorentzian transformations; 4-velocity and velocity transformations

第二节：牛顿定律，动量定理（Newton's laws, impulse-momentum theorem），6学时

牛顿定律，单位和量纲；万有引力，静电力，磁场力，惯性力；动量定理，质心运动定理，动量守恒定律

Newton's laws, units and dimensions; Gravitational force, electrostatic force, magnetic force, inertial force; Impulse-momentum theorem, center of mass motion theorem, conservation law of momentum

第三节：动能定理，机械能守恒定律（Theorem of kinetic energy, conservation law of mechanical energy），6学时

功，动能定理，Koenig定理；保守力与势能，静电场环路定理，恒定电磁场Maxwell方程组；机械能定理，机械能守恒定律；碰撞

Work, theorem of kinetic energy, Koenig's theorem; Conserved force and potential energy, electrostatic field loop theorem, Maxwell's equations for constant electromagnetic field; Theorem of mechanical energy, conservation law of mechanical energy; Collisions

第四节：角动量定理，天体运动（Angular momentum theorem, motion of celestial bodies），7学时

角动量定理，角动量守恒定律，刚体的定轴转动，有心力场，Kepler问题

Angular momentum theorem, conservation law of angular momentum, fixed-axis rotation of a rigid body, field of centrifugal forces, Kepler problem

第五节：Lagrange力学（Lagrangian mechanics），11学时

约束，广义坐标，D'Alembert原理，Lagrange方程，最小作用量原理，规范不变性，对称性与守恒定律，Noether定理，相对论性粒子的作用量，Lagrange量，能动量及4-动量，带电粒子与电磁场的作用，正则动量，电磁场张量，Maxwell方程组

Constraints, generalized coordinates, D'Alembert's principle, Lagrangian equation, least-action principle, gauge invariance, symmetry and conservation laws, Noether's theorem, actions of relativistic particles, Lagrangian, energy-momentum and 4-momentum, interaction of charged particles with electromagnetic fields, canonical momentum, electromagnetic field tensors, Maxwell's equations

第六节：小振动（Small vibration），7学时

一个自由度保守系的振动，阻尼振动，共振，多自由度振动，非线性振动，线性波动方程，驻波

Vibration of a conservative system with one degree of freedom, damped vibration, resonance, multi-degree-of-freedom vibration, nonlinear vibration, linear wave equation, standing waves

第七节：刚体（Rigid bodies），6学时

刚体的运动学描述，Euler角及Euler方程，刚体的角动量，动能，惯量张量，刚体绕定点转动的Euler方程，对称陀螺的进动

Kinematic description of a rigid body, Euler angle and Euler equation, angular momentum of a rigid body, kinetic energy, inertia tensor, Euler equation for rigid-body rotation about a fixed point, precession of a symmetrical gyroscope

第八节：Hamilton力学（Hamiltonian mechanics），5学时

Hamilton正则方程，Poisson括号，Hamilton-Jacobi方程、波动光学与波动力学简介

Hamilton's canonical equation, Poisson bracket, Hamilton-Jacobi equation, a brief introduction to wave optics and wave dynamics

四、课程特色

本课程既注重经典力学理论体系的建立和架构，又注重学生对物理图像和模型的理解，同时穿插生动的实例，使抽象的内容具体化，以启发学生将课堂知识应用到生活和工作的实践中去。

3.7.1.6 离散数学与结构（Ⅰ）

一、课程基本情况

课程名称	离散数学与结构（Ⅰ）											
	Discrete Mathematics and Structure （Ⅰ）											
开课时间	一年级			二年级			三年级			四年级		
	秋	春	暑	秋	春	暑	秋	春	暑	秋	春	暑
适用院系	元培学院、信息科学技术学院、人工智能研究院、智能学院											
课程定位	学院平台课											
学分	3 学分											
总学时	48 学时											
先修课程	线性代数、概率统计（可同时）											
后续课程	—											
教学方式	课堂讲授											
课时分配	均为课堂讲授（48 学时）											
考核方式	平时作业占 30%，期中考试占 20%，期末考试占 50%											
主要教材	Eric Lehman, F. Thomson Leighton, Albert R. Meyer, Mathematics for Computer Science, 12th Media Services											
参考资料	离散数学与结构（Ⅰ）图灵班笔记											

二、教学目的和基本要求

这门课程旨在讲授本科生学习人工智能所需要的离散数学基础内容，包括逻辑学、集合论、代数、组合、图论等。

三、课程的构架和知识点

第一节：集合论（Set theory），9学时

集合算术，无穷大，可数集合，Peano公理体系，最小归纳集，ZFC公理体系，基数和序数，Cantor定理

Set operations, infinity, countable sets, Peano axiom system, minimal inductive sets, ZFC axiom system, ordinals and cardinals, Cantor's theorem

第二节：逻辑公理体系（Logic axiom system），9学时

归纳法，命题逻辑，谓词逻辑，逻辑证明，Frege公理系统，点集拓扑，有限自动机

Induction, propositional logic, predictive logic, logic proof, Frege's proof systems, point set topology, finite automata

第三节：代数与数论基础（Base of algebra and number theory），10学时

数论群、环、域，Abel群，多项式环与域，置换群

Groups, rings and fields of numbers, Abelian groups, rings and fields of polynomials, permutation groups

第四节：组合论基础（Base of combinatorics），10学时

计数与组合等式，生成函数，概率方法，Lovasz局部引理，Burnside引理，Polya引理

Counting and combinatorial equalities, generating functions, probabilistic methods, Lovasz's local lemma, Burnside's lemma, Polya's lemma

第五节：图论基础（Graph theory），10学时

点，边，树，圈，Euler图，Hamilton圈；对偶定理；覆盖集、支配集、独立集，流，匹配，二部图，平面图

Nodes, edges, trees, cycles, Eulerian graphs, Hamiltonian cycles; Duality theorem; Covering/dominating/independent subsets, flow, matching, bipartite graphs, planar graphs

四、课程特色

1. 重视学生对基本概念、基本原理和基本方法的理解与掌握。
2. 重视培养学生的兴趣、独立思考能力和离散数学分析思维。

3.7.1.7　人工智能中的数学

一、课程基本情况

<table>
<tr><td rowspan="2">课程名称</td><td colspan="12">人工智能中的数学</td></tr>
<tr><td colspan="12">Mathematical Foundation for AI</td></tr>
<tr><td rowspan="2">开课时间</td><td colspan="3">一年级</td><td colspan="3">二年级</td><td colspan="3">三年级</td><td colspan="3">四年级</td></tr>
<tr><td>秋</td><td>春</td><td>暑</td><td>秋</td><td>春</td><td>暑</td><td>秋</td><td>春</td><td>暑</td><td>秋</td><td>春</td><td>暑</td></tr>
<tr><td>适用院系</td><td colspan="12">元培学院、信息科学技术学院、人工智能研究院、智能学院</td></tr>
<tr><td>课程定位</td><td colspan="12">学院平台课</td></tr>
<tr><td>学分</td><td colspan="12">3 学分</td></tr>
<tr><td>总学时</td><td colspan="12">48 学时</td></tr>
<tr><td>先修课程</td><td colspan="12">高等数学 / 数学分析、线性代数 / 高等代数、概率统计、离散数学（I）</td></tr>
<tr><td>后续课程</td><td colspan="12">—</td></tr>
<tr><td>教学方式</td><td colspan="12">课堂讲授</td></tr>
<tr><td>课时分配</td><td colspan="12">均为课堂讲授（48 学时）</td></tr>
<tr><td>考核方式</td><td colspan="12">平时作业占 30%，期中考试占 20%，期末考试占 30%</td></tr>
<tr><td>主要教材</td><td colspan="12">1. Avrim Blum, John Hopcroft, Ravindran Kannan, Foundations of Data Science, Cambridge University Press
2. Ronald Fagin, Joseph Y. Halpern, et al., Reasoning about Knowledge, The MIT Press
3. E. T. Jaynes, Probability Theory: The Logic of Science, Cambridge University Press</td></tr>
<tr><td>参考资料</td><td colspan="12">Joel Watson, Strategy: An Introduction to Game Theory（3rd Edition）, W. W. Norton & Company</td></tr>
</table>

二、教学目的和基本要求

这门课程旨在讲授本科生学习人工智能所需要的数学基础内容，包括逻辑学基础、概率论基础、信息论基础、优化理论基础和博弈论基础等。

三、课程的构架和知识点

第一节：科学的逻辑（The logic of science），9学时

合情推理，Markov过程与决策

Plausible reasoning, Markov process and decision

第二节：信息与数据（Information and data），10学时

熵，K-L散度，差分隐私，J-L引理

Entropy, K-L divergence, differential privacy, J-L lemma

第三节：决策与优化（Decision and optimization），10学时

凸分析，对偶理论，不动点理论

Convex analysis, duality theory, fixed-point theory

第四节：博弈与逻辑（Game and logic），10学时

输赢博弈，Markov博弈，正则形式博弈，Nash均衡，Bayes博弈，Bayes-Nash均衡

Win-lose games, Markov games, normal-form games, Nash equilibria, Bayesian games, Bayes-Nash equilibria

第五节：知识逻辑 （Epistemic logic），9学时

模态逻辑，Kriple模型，知识与信念，共同知识

Modal logic, Kriple models, knowledge and belief, common knowledge

四、课程特色

1. 重视学生对基本概念、基本原理和基本方法的理解与掌握。

2. 重视培养学生的兴趣、独立思考能力、建模能力、数学分析思维和算法设计技巧。

3.7.2 计算机基础课程

3.7.2.1 计算概论 A

一、课程基本情况

课程名称	计算概论 A											
	The Fundamentals of Programming（A Level）											
开课时间	一年级			二年级			三年级			四年级		
	秋	春	暑	秋	春	暑	秋	春	暑	秋	春	暑
适用院系	元培学院、信息科学技术学院、人工智能研究院、智能学院											
课程定位	学院平台课											
学分	3 学分											
总学时	64 学时											

续表

先修课程	无
后续课程	程序设计实习、数据结构与算法 A
教学方式	课堂讲授（课后安排大作业和程序设计竞赛）
课时分配	均为课堂讲授（计算机基础知识部分 12 学时，程序设计部分 52 学时）
考核方式	平时表现占 25%（其中作业占 15%，实验题占 10%），期中考试占 15%，期末考试占 60%
主要教材	吴文虎、徐明星、邬晓钧，程序设计基础（第 4 版），清华大学出版社
参考资料	1. Paul Deitel，Harvey Deitel，C++ 大学教程（第 9 版），电子工业出版社 2. 钱能，C++ 程序设计教程（第 3 版）（通用版），清华大学出版社 3. 谭浩强，C++ 程序设计（第 5 版），清华大学出版社

二、教学目的和基本要求

1. 讲授计算机语言程序设计基础，使学生掌握程序设计的基本概念、基本方法，在实践环节逐步掌握程序设计的技巧，并且建立良好的编程习惯，写出规范的程序代码。

2. 在这个学习过程中，学生将通过程序的结构和相应的语句写出程序，这是学生必须掌握的基本功。在这背后，更强调的是学生问题抽象能力的培养，让学生学习如何把要解决的实际问题用数学的形式表示以及符号化的处理方法。同时，也注重训练学生逻辑思维的能力，学习如何分析问题，找到解题思路。此外，还介绍一些基本的、经典的算法知识，如递归、贪心算法和动态规划等，开阔学生的解题思路。

3. 解决实际问题是最终的目标，因此程序的调试也是必不可少的学习内容。

三、课程的构架和知识点

计算机基础知识部分（12学时）

第一节：计算机发展史及计算机的分类（History of computers and classification of computers），2学时

计算机发展过程中重要的事件、人物和思想以及计算机的分类

The development of computers, including the milestones, important contributors and their innovations, as well as the classification of computers

第二节：计算机基本原理（Computer fundamentals），2学时

Turing机的思想与可计算的概念，Boole逻辑与数字电路的重要概念，二进制与其他进制的转换

The theory of Turing machine and the concepts of computability, some important concepts in Boolean logic and digital circuits, binary system and its conversion with other base systems

第三节：计算机软件系统（Computer software systems），2学时

操作系统的主要功能

Main functions of operating systems

第四节：计算机硬件系统（Computer hardware systems），2学时

运算器、控制器的工作过程，存储层次的概念

The operating processes of arithmetic logic unit and control unit, the concepts of memory unit at different levels

第五节：信息的表示与存储（Information representation and storage），2学时

数字化的原理，信息的压缩，信息的输入、输出以及外存储的构造

The principle of digitalization, information compression, information exchange, and the architecture of external memory unit

第六节：互联网及网络信息安全（Internet and security of network information），2学时

互联网的基本技术，代表性应用以及信息安全方面的问题

The basic techniques of the internet, typical internet applications and the problems of information security

程序设计部分（52学时）

第一节：编程准备（Prepare for programming），2学时

编程的概念，VC++编程环境，首个经典程序，算术运算的符号和常用的数学函数，简单的程序说明和功能注释

Concepts of programming, VC++ programming environments, the first classical program, arithmetic operators and common mathematics functions, comments on programs

第二节：代数和变量（Algebra and variables），2学时

C/C++ 程序的基本结构；变量的定义、类型和使用

Structure of the C/C++ program; Definition, types and usage of variables

第三节：逻辑（Logic），6学时

将实际问题抽象为逻辑关系，枚举法的解题思路，关系与关系表达式，逻辑表达式，增量和减量运算规则，程序的分支与循环结构

Abstracting practical problems into logical relationships, enumeration-based solutions, relation and relational expression, logic expression, increment and decrement operators, branch and loop structures in programs

第四节：数据的组织、筛选与排序问题（Data organization, filtering and sorting problems），9学时

数组的定义、操作和初始化；数组元素的查找、分类统计、筛选和排序算法；结构与数组，典型数组应用

Definition, manipulation and initialization of arrays; Algorithms for array query, statistics, filtering and sorting; Structures and arrays, and typical applications of arrays

第五节：函数（Functions），9学时

函数的调用，函数的参数和返回值，自定义函数，递推，递归，函数的说明，函数

原型，全局变量与局部变量

Call of functions, parameters and return values of functions, self-defined functions, iteration, recursion, the declaration of functions, prototype of functions, global variables and local variables

第六节：指针（Pointers），6学时

指针的概念和运算，指针与数组、函数、结构；字符指针，指针数组；引用的概念与操作，用引用传递函数参数

Concepts and arithmetic of pointers, pointers and arrays, functions and structures; Character pointers, pointer arrays; Concepts and operations on reference, transfer function parameters by reference

第七节：流与文件（Stream and file），6学时

流的概念，简单的输入、输出流格式控制，文件流操作，文件的建立，文件的顺序访问和随机访问，文件的应用实例

Concepts of stream, format control of I/O stream, file stream operations, creation of files, sequential and random file access, examples of the applications of files

第八节：贪心算法（Greedy algorithm），2学时

贪心算法的相关理论，贪心算法解题的一般步骤和注意事项，贪心算法的应用举例

Theoretical background about greedy algorithms, general steps and considerations to use greedy algorithms, examples of the applications of greedy algorithms

第九节：动态规划（Dynamic programming），4学时

动态规划的思想与基本概念，动态规划的解题思路；实例：最短路径

Idea and basic concepts of dynamic programming, problems solving using dynamic programming; Example: The shortest path

第十节：结构与链表（Structure and link），4学时

动态申请内存空间，链表的概念，建立链表时指针的使用，链表的操作（建立，插入，删除，查找，排序）

Dynamic memory allocation, concept of link, usage of pointers in list creation, operations of list（create, insert, delete, search and sort）

第十一节：综合习题（Comprehensive exercise），2学时

课程中关键问题的习题课，主要包含递归、指针、文件、算法以及高精度计算等方面的问题

Exercise lectures on key problems in the course, including recursion, pointers, files, algorithms and high precision computing

四、课程特色

1. 程序设计是实践性很强的，因此本课程特别强调学生的动手编程训练。北京大学程序设计在线评测系统POJ上训练思维能力和编程技巧的题目形式多样，要求学生每次程序设计的作业都要在这个系统上完成，并且适当地把一部分作业布置成小竞赛。

2. 本课程内容包含一次大作业或者实验题，要求学生以个人或小组的形式运用在课堂上学到的编程思想、方法和技巧完成一个综合性程序设计，以培养学生解决实际问题的能力。

3.7.2.2 程序设计实习

一、课程基本情况

课程名称	程序设计实习											
	Practice on Programming											
开课时间	一年级			二年级			三年级			四年级		
	秋	春	暑	秋	春	暑	秋	春	暑	秋	春	暑
适用院系	元培学院、信息科学技术学院、人工智能研究院、智能学院											
课程定位	学院平台课											
学分	3 学分											
总学时	64 学时											
先修课程	计算概论 A											
后续课程	数据结构与算法 A											
教学方式	课堂讲授、习题讲解、上机实习											
课时分配	课堂讲授（32 学时）+ 习题讲解（16 学时）+ 上机实习（16 学时）											
考核方式	平时表现（书面作业、上机、课堂测试）占 35%，期中考试占 15%，期末考试占 50%。注重综合能力的考核，平时表现突出、上机能力较强的可以得到奖励加分											
主要教材	1. 郭炜，新标准 C++ 程序设计，高等教育出版社 2. 刘家瑛、郭炜、李文新，算法基础与在线实践，高等教育出版社											
参考资料	1. 李文新、郭炜、余华山，程序设计导引及在线实践（第 2 版），清华大学出版社 2. Paul Deitel, Harvey Deitel，C++ 大学教程（第 9 版），电子工业出版社											

二、教学目的和基本要求

1. 使学生掌握 C++语言的基本语法、类库和标准模板。

2. 使学生掌握枚举、递归和动态规划等基本算法思想。

3. 培养学生的实际动手能力，为进一步学习其他专业课程奠定良好的基础。

三、课程的构架和知识点

第一节：阅读程序练习（Exercise of reading programs），2学时

程序运行中内存状态的改变，根据程序逻辑推断计算方法

Changes of memory state during the running time of programs, inference computation methods based on program logic

第二节：日期处理和进制转换（Date processing and base conversion），2学时

日期表示和计算的一般方法，进制转换中的一般方法

General approaches for representation and computation of date, general approaches for base conversion

第三节：函数指针（Function pointers），2学时

函数指针的用法，利用函数指针进行高阶计算

Usage of function pointers, use function pointers to abstract high level computation

第四节：高精度计算（High precision computation），2学时

高精度计算的本质；高精度加法、减法、乘法、除法

Essence of high precision computation; High precision addition, subtraction, multiplication and division

第五节：字符串处理（String manipulation），2学时

字符串的表示，C语言中提供的字符串处理函数库

Representation of strings, function library for string manipulation provided by C language

第六节：链表（Linked lists），2学时

链表的定义、插入、删除；单链表，双链表，循环链表；链表的应用

Definition, insertion and deletion of linked lists; Single linked lists, double linked lists, circular linked lists; Applications of linked lists

第七节：枚举（Enumeration），2学时

枚举的基本思想，用枚举思想解决问题的实例

Basic thoughts of enumeration, examples of solving problems by enumeration

第八节：递归（Recursion），4学时

递归的基本思想，用递归思想解决问题的实例

Basic thoughts of recursion, examples of solving problems by recursion

第九节：搜索（Search），4学时

搜索的基本思想，深度优先搜索，广度优先搜索

Basic thoughts of search, depth first search, breadth first search

第十节：动态规划（Dynamic programming），8学时

动态规划的基本思想，递归和动态规划之间的转换，用动态规划思想解决问题的实例

Basic thoughts of dynamic programming, conversion between recursion and dynamic programming, examples of solving problems by dynamic programming

第十一节：类和对象（Classes and objects），6学时

类与对象，成员变量，成员函数，构造函数和析构函数

Classes and objects, member variables, member functions, constructor and destructor

第十二节：继承（Inheritance），4学时

继承，公有继承，保护继承，私有继承，成员的可见性

Inheritance, public inheritance, protected inheritance, private inheritance, visibility of members

第十三节：运算符重载（Operator overloading），6学时

可以重载的运算符，重载为成员或者友元

Operators that can be overloaded, overloaded as member or friend

第十四节：多态和虚函数（Polymorphism and virtual functions），6学时

虚函数，纯虚函数，多态

Virtual functions, pure virtual functions, polymorphism

第十五节：流和文件读写（Flow and file input/output），4学时

C++中的流和文件读写类

Flow and file input/output classes in C++

第十六节：标准模板库（Standard template library），8学时

类模板和函数模板，容器，迭代器，容器的分类，算法模板

Class templates and function templates, containers, iterators, classification of containers, algorithm templates

四、课程特色

本课程使用北京大学“百练”在线考试系统，大部分作业和考试都在该系统上进行。通过大量练习，提高学生的程序设计和实现能力。

3.7.2.3 数据结构与算法 A

一、课程基本情况

课程名称	数据结构与算法 A											
	Data Structures and Algorithms （A Level）											
开课时间	一年级			二年级			三年级			四年级		
	秋	春	暑	秋	春	暑	秋	春	暑	秋	春	暑
适用院系	元培学院、信息科学技术学院、人工智能研究院、智能学院											
课程定位	学院平台课											
学分	3 学分											
总学时	64 学时											
先修课程	计算概论 A、程序设计实习、集合论与图论、概率统计 A											
后续课程	数据结构与算法实习、算法设计与分析											
教学方式	课堂授课（借助网络教学平台，拓展课堂讲授的相关知识）、实验											
课时分配	课堂讲授（32 学时）+实验（32 学时）											

续表

考核方式	平时表现（包括书面和上机，各占一半）占 30%，上机考试占 10%，期中考试占 30%，期末考试占 30%。注重综合能力的考核，平时表现突出、上机实践能力较强的可以得到奖励加分
主要教材	1. 张铭、赵海燕、王腾蛟等，数据结构与算法实验教程，高等教育出版社 2. 张铭、赵海燕、王腾蛟，数据结构与算法习题解析，高等教育出版社
参考资料	1. 许卓群、杨冬青、唐世渭等，数据结构与算法，高等教育出版社 2. Clifford A. Shaffer，数据结构与算法分析（C++ 版）（第 2 版），电子工业出版社 3. Thomas H. Cormen, Charles E. Leiserson, Ronald L. Rivest, et al., Introduction to Algorithms（4th Edition），The MIT Press

二、教学目的和基本要求

1. 介绍基本数据结构和基本算法分析技术。这一部分将介绍常用基本数据结构的抽象数据类型及其应用，包括线性结构（线性表、串、栈和队列）、二叉树、树、图等；同时，基于各种数据结构所实施的运算讨论算法分析的基本技术，介绍时间和空间权衡的原则。

2. 介绍排序、检索和索引技术。这一部分将主要讨论插入排序、Shell排序、堆排序、快速排序、归并排序、基数排序等常用排序算法及其时间和空间开销，并介绍文件管理（数据在外存的组织形式）和外排序技术，以及自组织、散列表、倒排文件、B树等常见的检索和索引技术及其各自相应的时间和空间开销。

3. 通过本课程的学习，学生将基本掌握数据结构和算法的设计分析技术，提高程序设计的能力，能根据所求解问题的性质选择合理的数据结构并对时间和空间复杂度进行必要的控制。

三、课程的构架和知识点

第一节：数据结构和算法简介（Introduction to data structures and algorithms），3学时

数据结构的定义（逻辑结构，存储结构，运算），抽象数据类型，算法，算法分析，算法复杂度的表达（大O表示法及其运算规则），函数的增长

Definition of data structures （logical structures, storage structures and operations）, abstract data types （ADTs）, algorithms, analysis of algorithms, representation of algorithm complexity（big O notation and its arithmetics）, growth of functions

第二节：线性表（Linear lists），3学时

数组，链表

Arrays, linked lists

第三节：栈和队列（Stacks and queues），6学时

栈和队列，栈和队列的应用，递归到非递归的转换机制

Stacks and queues, applications of stacks and queues, mechanism for transforming recursion to non-recursion

第四节：字符串（Strings），5学时

字符串及其实现，字符串函数，字符串匹配（朴素匹配算法，Knuth-Morris-Pratt算法）

Strings and their implementations, string functions, string matching （the naive string-matching algorithm, the Knuth-Morris-Pratt algorithm）

第五节：二叉树（Binary trees），9学时

二叉树的概念及性质，二叉树的抽象数据类型，二叉树的周游，二叉树的存储实现，二叉检索树，堆与优先队列，Huffman编码树，非递归深度优先周游二叉树

Concepts and properties of binary trees, ADT for binary trees, traversal of binary trees, implementation of binary trees, binary search trees, heaps and priority queues, Huffman trees, non-recursive depth-first order traversal of binary trees

第六节：树与森林（Trees and forests），6学时

树与森林的概念，森林与二叉树的等价转换，树的抽象数据类型，树的周游（深度优先和广度优先周游），树的存储结构（基于数组的左右后代表示法，树的顺序存储），父节点表示法和并查集

Concepts of trees and forests, equivalent transformation between forests and binary trees, ADT for trees, traversal of trees （depth-first order & breadth-first order traversal）, storage structures of trees （array-based left-and-right-sibling representation, sequential storage structures of trees）, parent pointers and union-find sets

第七节：图（Graphs），8学时

图的基本概念，图的抽象数据类型，图的存储结构（邻接矩阵，邻接列表），图的周游（深度优先周游，广度优先周游，拓扑排序），单源最短路径（Dijkstra算法），两两最短路径（Floyd-Warshall算法），最小支撑树（Prim算法，Kruskal算法）

Basic concepts of graphs, ADT for graphs, representations of graphs （adjacency matrices, adjacency lists）, graph traversal （depth-first order & breadth-first order traversal, topological sort）, single-source shortest paths （Dijkstra algorithm）, all-pairs shortest paths （the Floyd-Warshall algorithm）, minimum spanning trees （Prim algorithm and Kruskal algorithm）

第八节：内排序（Internal sorting），7学时

排序问题的基本概念，三种简单排序算法（插入排序，起泡排序，选择排序），Shell排序，快速排序，归并排序，堆排序，基数排序，各种排序算法的理论和实验时间代价的讨论以及排序问题的下限的研究

Basic concepts of sorting, three simple sorting algorithms （insertion sort, bubble sort, selection sort）, Shell sort, quick sort, merge sort, heap sort, radix sort, discussions on the theoretical and experimental costs of various sorting algorithms and the research on the lower bound of sorting

第九节：文件管理和外排序（File processing and external sorting），3学时

外排序及其特点，置换选择排序，二路、多路归并外排序，竞赛树（赢者树，败方树）

External sorting and its features, replacement selection sort, balanced 2-way / multiway merge sort, tournament trees （winner trees, loser trees）

第十节：检索（Searching），4学时

检索的基本概念，基于线性表的检索，基于集合的检索，哈希表（哈希函数，开放导址）

Basic concepts of searching, search on linear lists, search on sets, hash tables （hash functions, open addressing）

第十一节：索引技术（Indexing），4学时

索引，倒排索引，B+树，红黑树

Indexing, inverted index, B+ trees, red-black trees

第十二节：高级数据结构（Advanced data structures），6学时

矩阵，广义表及其应用，字符树，AVL树，伸展树

Matrices, generalized lists and their applications, trie trees and patricia trees，AVL trees, splaying trees

四、课程特色

1. 本课程是一门重要的计算机类基础课，其主要目的是使学生较全面地理解数据结构的概念，掌握各种数据结构与算法的实现方式，了解不同数据结构和算法的特点。通过学习，学生能够提高用计算机解决实际问题的能力。

2. 强调实习环节，使学生通过课程实习对开放源码软件和数据库系统实现技术有较切实的实践体会，并锻炼其在系统软件核心层次进行创新性工作的能力。

3. 注重数据结构与算法理论和实践的结合，从问题求解的角度指导学生如何运用数据结构与算法知识来解决实际问题，为将来从事计算机相关的学习、研究和开发工作打下扎实的基础。

3.7.2.4　计算机系统导论

一、课程基本情况

课程名称	计算机系统导论											
	Introduction to Computer Systems											
开课时间	一年级			二年级			三年级			四年级		
	秋	春	暑	秋	春	暑	秋	春	暑	秋	春	暑
适用院系	元培学院、信息科学技术学院、人工智能研究院、智能学院											
课程定位	学院平台课											

续表

学分	5 学分
总学时	64 学时
先修课程	计算概论 A、C 语言程序设计
后续课程	操作系统、编译原理、计算机组织与体系结构等
教学方式	课堂讲授、小班研讨、上机实习
课时分配	课堂讲授（40 学时）+ 小班讨论（8 学时）+ 上机实习（16 学时）
考核方式	小班研讨表现和平时作业占 25%，上机实习占 25%，期中考试占 20%，期末考试占 30%
主要教材	Randal E. Bryant, David R. O'Hallaron, Computer Systems: A Programmer's Perspective （3rd Edition）, Pearson India Education Services Pvt. Ltd.
参考资料	—

二、教学目的和基本要求

本课程涵盖计算机系统从上到下的多个层次，其中包括机器语言及其如何通过编译器优化生成、程序性能评估和优化、存储结构组织和管理、网络技术和协议、并行计算的相关知识，旨在让学生通过课程的学习和实践，了解计算机系统如何生成并执行程序，如何存储信息和相互通信，并掌握高效编程的原则。

三、课程的构架和知识点

第一节：计算机系统概述（Overview of computer systems），2学时

计算机系统的基本理论知识和有关概念；以最简单的Hello world程序为例，简要说明各软硬部件如何组织成为一个高效、可用的系统

The basic theoretical knowledge and related concepts of computer systems; Using the simplest Hello world program as an example, briefly explain how each software and hardware component is organized into an effiicient and usable system

第二节：信息的表示和操作（Representation and operation of information），4学时

位与字节，各种数据类型的尺寸，Boole代数，C语言中整数和浮点数（单精度和双精度）的表示与操作以及数据类型的转换问题

Bits and bytes, sizes of various data types, Boole algebra, representation of integers and floating point numbers（single precision and double precision）and their operations, conversion of data types in C

第三节：机器级程序表示（Machine-level representations of programs），10学时

编程基础，流程控制，函数调用与返回，数据，溢出等

Basics of machine programming, control procedures, function call and return, data, overflow, etc.

第四节：处理器体系结构（Architecture of processors），8学时

指令集架构，时序逻辑处理器，流水线处理器，程序优化

Instruction set architecture（ISA）, logic sequential processor, pipelined processor, program optimization

第五节：存储层级结构（Hierarchical structure of memory），4学时

存储的层级，高速缓存器

The memory hierarchy, cache memories

第六节：链接（Linking），4学时

链接的基本概念

Basic concepts of linking

第七节：异常控制流（Exception control flow），6学时

异常控制流，信号与非局部跳转

Exception control flow, signals and nonlocal jumps

第八节：虚拟内存（Virtual memory），8学时

虚拟内存的概念与系统，动态内存分配

Concepts and systems of virtual memory, dynamic memory allocation

第九节：系统级I/O（System level I/O），2学时

系统级I/O基础，包括文件的分类、文件的I/O操作、文件的元数据、标准I/O流文件等内容，并结合实例，探讨文件共享和I/O重定向等操作的基础原理

Basics of system level I/O, including the classification of files, I/O operations of files, metadata of files, standard I/O stream files, and other contents, and the basic principles of file sharing and I/O redirection operations via examples

第十节：网络程序设计（Network programming），7学时

网络程序设计基础，包括网络互连、网络程序设计，Web服务

Basics of network programming, including network inter-connections, network programming and Web service

第十一节：并发程序设计（Concurrent programming），9学时

并发程序设计基础，同步，线程级并行性

Basics of concurrent programming, synchronization, thread level parallelism

四、课程特色

本课程的教学方式具有新颖和多样化的特点。除了基本的课堂讲授和答疑部分，还有特色的实验习题讨论。例如，对于难度较大的实验习题，由学生提前准备讲解材料与同学们分享，而教师则把握方向和引导讨论。此外，本课程建立了新颖的"智能评价系统"，能够自动根据性能、运行时间及提交次数等对学生提交的实验习题进行评分，实时公开发布所有学生完成情况并分步、分题进行比对，从而有效激励学生对实验的钻研热情。

3.7.2.5 算法设计与分析

一、课程基本情况

课程名称	算法设计与分析											
	Algorithm Design and Analysis											
开课时间	一年级			二年级			三年级			四年级		
	秋	春	暑	秋	春	暑	秋	春	暑	秋	春	暑
适用院系	元培学院、信息科学技术学院、人工智能研究院、智能学院											
课程定位	学院平台课											
学分	5 学分											
总学时	80 学时											
先修课程	程序设计基础、数据结构与算法 A											
后续课程	理论计算机科学基础等											
教学方式	课堂讲授、小班讨论											
课时分配	课堂讲授（52 学时）+ 小班讨论（28 学时）											
考核方式	平时表现占 50%，包括书面作业（20%）、论文阅读（15%）、大作业（15%）；期中考试占 10%；期末考试占 40%											
主要教材	屈婉玲、刘田、张立昂等，算法设计与分析（第 2 版），清华大学出版社											
参考资料	1. 屈婉玲、刘田、张立昂等，算法设计与分析习题解答与学习指导（第 3 版），清华大学出版社 2. Thomas H. Cormen, Charles E. Leiserson, Ronald L. Rivest, et al., Introduction to Algorithms（3rd Edition）, The MIT Press [中译本：算法导论（第 3 版），殷建平、徐云、王刚等译，机械工业出版社] 3. Jon Kleinberg, Éva Tardos, Algorithm Design（影印版），清华大学出版社											

二、教学目的和基本要求

本课程从算法复杂度分析的基本方法和原理入手，以讲授算法设计的基本方法和原理、算法优化的基本方法和技巧为主，通过典型的问题及其相应的求解算法以及算法复杂度的分析，完善学生的知识体系，培养学生的分析能力，拓展学生的思维方法，并鼓励学生将理论与实践结合。

本课程大班教学从算法设计出发，系统介绍算法设计的一般方法和常用模式，并围绕算法的正确性、算法的复杂度与问题的复杂度等问题，介绍算法证明的基本方法、算法分析的数学基础与常用技巧、问题复杂度分析的基础理论等知识。

研讨型小班课则以算法理论在各个方向上的应用的经典论文阅读、讨论和小组选题研讨为主，紧密配合大班课教学内容，锻炼学生的分析与表达能力，促进学生学以致用，培养学生理论联系实际的科研能力。

三、课程的构架和知识点

第一节：引论（Introduction），2学时

算法在计算中的地位，函数的增长，渐近增长的符号表示

The role of algorithms in computing, growth of functions, asymptotic notations

第二节：递归分析（Analysis on recurrences），2学时

递归的概念，替换法，递归树法和主方法

Concepts of recurrences, substitution method, recursion-tree method and the master method

第三节：分治（Divide-and-conquer），6学时

分治法的例子，如归并排序、二分法搜索、矩阵乘法、计算Fibonacci数等

Examples of divide-and-conquer method, such as merge sort, binary search, matrix multiplication, computing Fibonacci numbers, etc.

第四节：动态规划（Dynamic programming），6学时

动态规划基础，动态规划求解的经典例子，如背包问题、最长公共子序列、矩阵链乘法等

Elements of dynamic programming, classical examples of dynamic programming algorithms, such as back-pack problem, the longest common subsequence, matrix-chain multiplication, etc.

第五节：贪心算法（Greedy algorithm），6学时

贪心算法基础，当贪心算法得不到全局最优解时如何处理，贪心算法的经典例子，如单源最短路径、最小生成树等

Elements of greedy strategy, how to deal with greedy algorithms when they are not globally optimal, classical examples of greedy algorithms, such as single-source shortest path, minimum spanning tree, etc.

第六节：回溯法（Backtracking），2学时

回溯法基础，回溯法的效率，回溯法的改进，用回溯法求解的例子

Elements of backtracking, efficiency of backtracking, improving backtracking, examples of backtracking

第七节：分支界限法（Branch-and-bound），2学时

分支界限法基础，分支界限法与回溯法的差别，用分支界限法求解的例子

Elements of branch-and-bound, the difference between brach-and-bound and backtracking, examples of branch-and-bound

第八节：线性规划（Linear programming），2学时

线性规划的基本概念，单纯形法，对偶线性规划，求解整数规划的分支界限法

Basic concepts of linear programming, simplex method, dual linear programming, branch-and-bound for integer programming

第九节：最大流与最小费用流（Maximum flow and minimum cost flow），6学时

流网络，最大流，Ford-Fulkerson算法，Dinic算法，最小费用流，费用降低方法，最小费用增广法及其应用

Flow networks, maximum flow, the Ford-Fulkerson method, Dinic method, minimum cost flow, cost reduction method, min-cost augmentation method and its applications

第十节：问题的复杂度分析（Analysis of problem complexity），6学时

问题复杂度的分析，包括决策树、搜索、排序和选择问题、规约方法

Analysis of problem complexity, including decision trees, search, sorting and selection problems, and the reduction method

第十一节：NP完全问题（NP-complete problems），4学时

多项式时间、多项式时间验证，NP完全性与可规约性，NP完全性证明，代表性的NP完全问题

Polynomial time, polynomial time verification, NP-completeness and reducibility, NP-completeness proofs, representative NP-complete problems

第十二节：近似算法（Approximate algorithms），4学时

近似算法的基本概念及求解例子：顶点覆盖问题、旅行商问题、子集覆盖问题

Basic concepts of approximate algorithms and examples, such as vertex-cover problem, traveling-salesman problem, subset-cover problem

第十三节：随机算法（Randomized algorithms），4学时

随机算法的基本概念，Las Vegas算法、Monte-Carlo算法以及它们的应用

Basic concepts of randomized algorithms, Las Vegas algorithms, Monte-Carlo algorithms and their applications

四、课程特色

本课程是“程序设计基础”和“数据结构与算法A”的后续课程，是强化学生程序设计能力的核心课程。本课程的特色是：以算法设计的通用技术与分析方法作为主线引入典型的范例，强调设计思想和分析方法的训练。通过研讨型小班教学，锻炼学生的分析与表达能力，增强学生学以致用的意识，培养学生理论联系实际的科研能力，鼓励学生结合学习兴趣选读相关论文与参考文献，拓宽学习的广度和深度。

3.7.3 人工智能核心课程

3.7.3.1 人工智能基础

一、课程基本情况

<table>
<tr><td rowspan="2">课程名称</td><td colspan="12">人工智能基础</td></tr>
<tr><td colspan="12">Introduction to AI</td></tr>
<tr><td rowspan="2">开课时间</td><td colspan="3">一年级</td><td colspan="3">二年级</td><td colspan="3">三年级</td><td colspan="3">四年级</td></tr>
<tr><td>秋</td><td>春</td><td>暑</td><td>秋</td><td>春</td><td>暑</td><td>秋</td><td>春</td><td>暑</td><td>秋</td><td>春</td><td>暑</td></tr>
<tr><td>适用院系</td><td colspan="12">元培学院、信息科学技术学院、人工智能研究院、智能学院</td></tr>
<tr><td>课程定位</td><td colspan="12">学院平台课</td></tr>
</table>

续表

学分	3 学分
总学时	64 学时
先修课程	计算概论
后续课程	—
教学方式	课堂讲授、上机实习
课时分配	课堂讲授（48 学时）+ 上机实习（16 学时）
考核方式	平时作业占 40%，课程大作业占 30%，期中考试占 10%，期末考试占 20%
主要教材	—
参考资料	1. 教师自编讲义 2. Stuart Russell, Peter Norvig, Artificial Intelligence: A Modern Approach（4th Edition）, Pearson 3. Ian Goodfellow, Yoshua Bengio, Aaron Courville, Deep Learning, The MIT Press

二、教学目的和基本要求

1. 使学生系统把握人工智能涉及的基本内容。本课程系统介绍人工智能的基本概念、思想和方法，以及人工智能所涉及研究方向的最新前沿进展，使学生了解人工智能的基本概貌、逻辑结构、新兴领域等，以大视野入门人工智能领域。

2. 本课程以深刻理解相关内容为目标，同时注重学生实践动手能力的培养和科研素养的训练。本课程结合具体的研究平台及实验环境，设计相应的人工智能课题题目，也鼓励结合课程内容的自选题目，并采用小组团队的形式开展课题研究，以提升学生的实践动手能力，增强学生的学习兴趣，加深学生对人工智能相关理论的把握，同时也培养学生的科研素养和科研实践能力。

三、课程的构架和知识点

第一节：人工智能概述（AI overview），2学时

人工智能发展史和未来趋势

The history and future of AI

第二节：脑与认知（Brain and cognition），2学时

认知科学发展简史，认知神经科学发展简史，认知神经科学研究方法，视听感知、注意、记忆的提取

A brief history of cognitive science, a brief history of cognitive neuroscience, research methods in cognitive neuroscience, extraction of audiovisual perception, attention and memory

第三节：知识表示，推理（Representation of knowledge, reasoning），12学时（含3学时上机实习）

逻辑推理：命题逻辑、一阶逻辑（谓词逻辑）；知识表示（知识图谱）；代表性事件：专家系统

Logical reasoning: Propositional logic, first-order logic （predicate logic）; Knowledge representation （knowledge graph）; Representative event: Expert system

第四节：问题建模与搜索方法（Problem modeling and search methods），16学时（含4学时上机实习）

全局搜索：无信息搜索：宽度优先，深度优先，一致代价，迭代加深，双向搜索，搜索效率分析；有信息搜索：贪心搜索，启发式搜索（方法，证明，效率分析）。实践环境：POJ。代表性事件：IBM Deep Blue。局部搜索：爬山，模拟退火，遗传算法。约束满足问题；约束优化问题：模型，搜索顺序，通用求解器，PDL。实践环境：PDL。对抗搜索：MINIMAX，α-β剪枝，随机搜索，非完全信息搜索。实践环境：BotZone

Global search: Search without information: Width first/depth first search, consistent cost, iterative deepening, bi-directional search, search efficiency analysis; Search with information: Greedy search, heuristic search （method, proof, efficiency analysis）. Experiment environment: POJ. Representative event: IBM Deep Blue. Local search: Mountain climbing, simulated annealing, genetic algorithm. Constraint satisfaction problem（CSP）; Constrained optimization problem （COP）: Model, search order, general solver, PDL. Experiment environment: PDL. Adversarial search: MINIMAX, α-β pruning, random search, incomplete information search. Experiment environment: BotZone

第五节：机器学习初步（Basic machine learning），20学时（含5学时上机实习）

监督学习，非监督学习；神经网络：梯度优化和反向传播，正则化，卷积和循环神经网络；实践：Python，TensorFlow，PyTorch；实践任务：图像识别，图像补全，风格转移；代表性事件：ImageNet

Supervised learning, unsupervised learning; Neural networks: Gradient optimization and back propagation, regularization, convolution and recurrent neural networks; Experiment: Python, TensorFlow, PyTorch; Tasks: Image recognition, image completion, style transfer; Representative event: ImageNet

第六节：强化学习初步（Basic reinforcement learning），10学时（含3学时上机实习）

MDP模型，博弈论初步；强化学习：Monte-Carlo树搜索，动态规划，Monte-Carlo方法，时序差分方法，Q学习，策略梯度；实践环境：BotZone；实践任务：游戏对战，人工智能模拟；代表性事件：AlphaGo

MDP model, preliminary game theory; Reinforcement learning: Monte-Carlo tree search （MCTS）, dynamic programming （DP）, Monte-Carlo method （MC）, temporal difference method （TD）, Q-learning, policy gradient （PG）; Experiment environment: BotZone; Tasks: Game battle, AI simulation; Representative event: AlphaGo

第七节：人工智能其他应用（Other applications of AI），2学时（含1学时上机实习）

听觉，视觉，自然语言处理，机器人，大数据分析，游戏

Hearing, vision, natural language processing, robotics, big data analysis, games

四、课程特色

本课程既覆盖人工智能的传统方法，又关切当下人工智能热点事件的解读，并以大量实践作业强化培养学生的实践动手能力。

3.7.3.2 机器学习

一、课程基本情况

课程名称	机器学习											
	Machine Learning											
开课时间	一年级			二年级			三年级			四年级		
	秋	春	暑	秋	春	暑	秋	春	暑	秋	春	暑
适用院系	元培学院、信息科学技术学院、人工智能研究院、智能学院											
课程定位	学院平台课											
学分	3 学分											
总学时	48 学时											
先修课程	高等数学 / 数学分析、线性代数 A / 高等代数、概率论											
后续课程	—											
教学方式	课堂讲授											
课时分配	均为课堂讲授（48 学时）											
考核方式	平时作业占 15%，课堂笔记占 5%，课程大作业占 40%，期末考试占 40%											
主要教材	教师自编讲义											
参考资料	1. Mehryar Mohri, Afshin Rostamizadeh, Ameet Talwalkar, Foundations of Machine Learning（2nd Edition）, The MIT Press 2. Shai Shalev-Shwartz, Shai Ben-David, Understanding Machine Learning: From Theory to Algorithms, Cambridge University Press											

二、教学目的和基本要求

通过本课程的教学，让学生掌握机器学习的基本概念、基本范式、核心算法与基础理论。

三、课程的构架和知识点

第一节：引言（Introduction），3学时

机器学习的发展与范式，监督学习的数学形式，泛化的概念

Development and paradigms of machine learning, formulation of supervised learning, the concept of generalization

第二节：概率论基础（Basics of probability theory），3学时

基本概率不等式，集中不等式

Basic probability inequalities, concentration inequalities

第三节：基本机器学习算法与模型（Basic machine learning algorithms and models），9学时

支撑向量机，Boosting, Bagging，随机森林，神经网络

Support vector machine（SVM）, Boosting, Bagging, random forests, neural networks

第四节：泛化理论（Generalization theory），5学时

VC理论

VC theory

第五节：优化理论基础（Basics of optimization），4学时

极小极大定理，Lagrange对偶，KKT条件，随机梯度下降

Minimax theorem, Lagrange duality, KKT conditions, stochastic gradient descent

第六节：Bayes学习（Bayesian learning），3学时

Bayes学习理论与算法

Bayesian learning theory and algorithms

第七节：无监督学习（Unsupervised learning），3学时

聚类算法，降维算法

Clustering algorithms, dimensionality reduction algorithms

第八节：在线学习（Online learning），8学时

专家推荐在线学习，多臂老虎机，线性老虎机

Online learning with expert advice, multi-arm bandits, linear bandits

第九节：强化学习（Reinforcement learning），10学时

Markov决策过程，Bellman方程，最优策略，值迭代，策略迭代，TD学习，Q学习

Markov decision process, Bellman equation, optimal policy, value iteration, policy iteration, TD learning, Q-learning

四、课程特色

本课程涵盖机器学习的基础理论与算法，适当展示机器学习的前沿进展。

3.7.3.3 计算机视觉

一、课程基本情况

课程名称	计算机视觉											
	Computer Vision											
开课时间	一年级			二年级			三年级			四年级		
	秋	春	暑	秋	春	暑	秋	春	暑	秋	春	暑
适用院系	元培学院、信息科学技术学院、人工智能研究院、智能学院											
课程定位	学院平台课											
学分	3 学分											
总学时	48 学时											
先修课程	线性代数 A、概率统计 A、数据结构与算法等											
后续课程	—											
教学方式	课堂讲授、课程项目报告											

续表

课时分配	课堂授课（42 学时）+ 课程项目汇报（6 学时）
考核方式	平时作业占 20%，课程项目汇报占 50%，期末考试占 30%
主要教材	1. Song-Chun Zhu, Yingnian Wu, Computer Vision: Statistical Models for Marr's Paradigm, Springer 2. Simon J. D. Prince, Computer Vision: Models, Learning, and Inference, Cambridge University Press
参考资料	Song-Chun Zhu, Siyuan Huang, Computer Vision: Stochastic Grammars for Parsing Objects, Scenes, and Events, Springer

二、教学目的和基本要求

1. 让学生掌握当代计算机视觉领域的基本知识、重要理论和方法。

2. 使学生能熟练运用计算机视觉领域的基本实践工具，具备初步解决计算机视觉问题的思维能力和编程能力。

3. 让学生了解计算机视觉的前沿科研进展，培养学生的科学思维方法与科学素养。

三、课程的构架和知识点

第一节：课程概论（Course introduction），3学时

计算机视觉课程背景，课程的基本介绍，作业安排与考核要求

Background of computer vision, basic introduction to the course, assignments and exams

第二节：人眼视觉的生物模型（Biological model of human vision），3学时

人眼视觉的生物学原理，人眼视觉的心理学基础，人眼视觉的认知科学基础

Biological principles of human vision, psychological basics of human vision, cognitive science basics of human vision

第三节：计算机视觉历史概述（Introduction to history of computer vision），3学时

计算机视觉的源起与目的，计算机视觉流派，计算机视觉的研究范畴与主要应用

The origin and purpose of computer vision, the categories of computer vision, research fields and applications of computer vision

第四节：相机成像模型（Camera model），3学时

有限相机，仿射相机，成像原理，计算机视觉几何

Limited camera, affine camera, imaging principle, geometry in computer vision

第五节：自然图像统计表示（Statistics of natural images），3学时

图像的基本概念，图像特征与统计量

Basic concepts of images, image features and statistics

第六节：知识表示（Knowledge representation），3学时

相关性与卷积，边缘检测与滤波器设计，纹理与纹理基元，稀疏编码，组合稀疏编码；实践：Python, TensorFlow, PyTorch介绍

Correlation and convolution, edge detection and filter design, textures and textons, sparse coding, compositional sparse coding; Hands-on-projects: Introduction to Python, TensorFlow and PyTorch

第七节：判别式模型（Discriminative models），6学时

判别式模型介绍，回归问题与分类模型，基于判别式模型的分类方法，特征提取，特征编码，特征分类；实践：MNIST手写体分类

Introduction to discriminative models, regression problems and classification models, classification methods based on discriminative models, feature extraction, feature coding, feature classification; Hands-on projects: Classification on MNIST

第八节：生成式模型（Generative models），6学时

生成式模型介绍，变分自编码器，对抗学习，基于生成式模型的分类方法；生成式模型应用：图像生成与风格化；实践：图像风格迁移

Introduction to generative models, variational auto-encoder, adversarial learning, classification methods based on generative models; applications of generative models: Image generation and stylization; Hands-on projects: image style transfer

第九节：图模型（Graphical models），3学时

图模型介绍：有向图模型，无向图模型；链式模型与树模型：最大后验推理；网络模型：Markov随机场，条件随机场；实践：人体骨架动作识别

Introduction to graphical models: Directed graphical models, undirected graphical models; Models for chains and trees: Maximum-a-posteriori （MAP） inference; Network models: Markov random fields （MRF）, conditional random fields （CRF）; Hands-on projects: Skeleton-based action recognition

第十节：其他视觉模型（Other vision models），3学时

形状模型：形状表示，基于统计的形状模型，形状模板等；时序模型：Kalman滤波，粒子滤波；视觉词模型：词袋模型，主题模型；成分分析模型：概率线性判别分析

Models for shapes: shape representation, statistical shape models, shape templates, etc.; Temporal models: Kalman filtering, particle filtering; Models for visual words: Bag-of-words models, topic models; Models for component analysis: Probabilistic linear discriminant analysis

第十一节：前沿方向简介Ⅰ（Introduction to frontier researches Ⅰ），3学时

视觉与语言，常识推理

Vision and language, common sense reasoning

第十二节：前沿方向简介Ⅱ（Introduction to frontier researches Ⅱ），3学时

视觉在机器人中的应用

Applications of vision in robots

四、课程特色

本课程以计算机视觉的基本知识作为教学重点，并结合具体的计算机视觉问题对学生进行实际操作能力的训练，注重学生科学思维方法与科学素养的培养。

3.7.3.4 认知推理

一、课程基本情况

课程名称	认知推理											
	Cognitive Reasoning											
开课时间	一年级			二年级			三年级			四年级		
	秋	春	暑	秋	春	暑	秋	春	暑	秋	春	暑
适用院系	元培学院、信息科学技术学院、人工智能研究院、智能学院											
课程定位	学院平台课											
学分	3 学分											
总学时	48 学时											
先修课程	高等数学 / 数学分析、概率统计 A、计算机视觉、自然语言处理											
后续课程	物理与社会常识建模与计算											
教学方式	课堂讲授、论文研读展示、课程项目汇报											
课时分配	课堂讲授（33 学时）+ 论文研读展示（9 学时）+ 课程项目汇报（6 学时）											
考核方式	每周英文小短文占 30%，论文研读展示占 20%，课程项目英文展示占 20%，课程项目英文报告占 30%											
主要教材	教师自编讲义											
参考资料	Elizabeth S. Spelke, What Babies Know, Oxford University Press											

二、教学目的和基本要求

1. 使学生了解常识在现代人工智能中的重要性。

2. 使学生掌握现代人工智能中的认知科学基础知识。

3. 使学生学会推导常识计算的统计模型，并解决一些具有挑战性的人工智能问题。

4. 使学生学会编码，并能构建一个复杂系统，对常识的某些方面进行建模。

三、课程的构架和知识点

第一节：课程总体介绍（Course overview），3学时

什么是常识？常识的重要性

What is commonsense? The importance of common sense

第二节：物理常识Ⅰ（Physical commonsense Ⅰ），3学时

可供性和功能性

Affordance and functionality

第三节：物理常识Ⅱ（Physical commonsense Ⅱ），3学时

直觉物理

Intuitive physics

第四节：物理常识Ⅲ（Physical commonsense Ⅲ），3学时

因果关系

Causality

第五节：物理常识（Physical commonsense Ⅳ），3学时

工具，镜像与模仿

Tool, mirroring and imitation

第六节：章节论文研读展示Ⅰ（Paper chapters reading demonstration Ⅰ），3学时

第七节：社会常识Ⅰ（Social commonsense Ⅰ），3学时

言语沟通

Verbal communication

第八节：社会常识Ⅱ（Social commonsense Ⅱ），3学时

意图

Intentionality

第九节：社会常识Ⅲ（Social commonsense Ⅲ），3学时

有生性与心智理论

Animacy and theory of mind

第十节：章节论文研读展示Ⅱ（Paper chapters reading demonstration Ⅱ），3学时

第十一节：前沿课题Ⅰ（Advanced topics Ⅰ），3学时

抽象推理

Abstract reasoning

第十二节：前沿课程Ⅱ（Advanced topics Ⅱ），3学时

效用

Utility

第十三节：前沿课题Ⅲ（Advanced topics Ⅲ），3学时

可解释性人工智能，通信

Explainable AI, communication

第十四节：章节论文研读展示Ⅲ（Paper chapters reading demonstration Ⅲ），3学时

第十五节：项目报告Ⅰ（Project reports Ⅰ），3学时

第十六节：项目报告Ⅱ（Project reports Ⅱ），3学时

四、课程特色

随着认知科学和人工智能研究的快速发展，它们之间的差距越来越大。虽然人类智能是在“刺激的贫困”下发挥作用的，但现代人工智能的典型应用还需要从“大数据”中汲取力量。本课程将介绍认知科学的最新发现，并通过使用现代人工智能工具对其进行建模来弥补这一差距。本课程涵盖物理世界与社会中感知和推理的经典主题，以及本

领域内的一些高级主题。学生将掌握本课程相关文献中的不同原理，每周用英文撰写论文，展示、研讨论文，并以团队的形式完成教师布置的课程大作业。

3.7.3.5　基于深度学习的自然语言处理

一、课程基本情况

<table>
<tr><td rowspan="2">课程名称</td><td colspan="12">基于深度学习的自然语言处理</td></tr>
<tr><td colspan="12">Natural Language Processing with Deep Learning</td></tr>
<tr><td rowspan="2">开课时间</td><td colspan="3">一年级</td><td colspan="3">二年级</td><td colspan="3">三年级</td><td colspan="3">四年级</td></tr>
<tr><td>秋</td><td>春</td><td>暑</td><td>秋</td><td>春</td><td>暑</td><td>秋</td><td>春</td><td>暑</td><td>秋</td><td>春</td><td>暑</td></tr>
<tr><td>适用院系</td><td colspan="12">元培学院、信息科学技术学院、人工智能研究院、智能学院</td></tr>
<tr><td>课程定位</td><td colspan="12">学院平台课</td></tr>
<tr><td>学分</td><td colspan="12">3 学分</td></tr>
<tr><td>总学时</td><td colspan="12">48 学时</td></tr>
<tr><td>先修课程</td><td colspan="12">高等数学 / 数学分析、线性代数 A / 高等代数、概率统计 A、机器学习、Python</td></tr>
<tr><td>后续课程</td><td colspan="12">—</td></tr>
<tr><td>教学方式</td><td colspan="12">课堂讲授</td></tr>
<tr><td>课时分配</td><td colspan="12">均为课堂讲授（48 学时）</td></tr>
<tr><td>考核方式</td><td colspan="12">课堂表现占 30%，平时作业占 30%，期末项目汇报占 40%</td></tr>
<tr><td>主要教材</td><td colspan="12">1. Daniel Jurafsky, James H. Martin, Speech and Language Processing: An Introduction to Natural Language Processing, Computational Linguistics, and Speech Recognition, Prentice-Hall
2. Lewis Tunstall, Leandro von Werra, Thomas Wolf, Natural Language Processing with Transformers: Building Language Applications with Hugging Face, O' Reilly Media
3. Delip Rao, Brian McMahan, Natural Language Processing with PyTorch: Build Intelligent Language Applications Using Deep Learning, O' Reilly Media</td></tr>
<tr><td>参考资料</td><td colspan="12">1. CS224n: https://web.stanford.edu/class/cs224n/
2. CMU CS11-747: https://www.phontron.com/class/nn4nlp2021/
3. CMU CS11-411: http://demo.clab.cs.cmu.edu/NLP/
4. CMU CS11-711: http://www.phontron.com/class/anlp2021/
5. COS 597G: https://www.cs.princeton.edu/courses/archive/fall22/cos597G/
6. ACL Anthology: https://aclanthology.org/</td></tr>
</table>

二、教学目的和基本要求

本课程旨在向学生介绍基于深度学习的自然语言处理的核心理论和前沿技术，以及如何使用深度学习技术解决自然语言处理中的常见问题，并培养他们分析、处理大规模数据的实际动手能力。本课程的实践部分将采取国际评测的通用形式：学生需要根据任务要求独立建立自己的原型系统，根据训练数据调试模型，最终在封闭的测试数据上汇报结果。

三、课程的构架和知识点

第一节：课程介绍（Course overview），3学时

自然语言处理的基本任务和典型应用，语料库，语法与句法，语言中的歧义，人类语言技术，计算语言学

Basic tasks and typical applications of natural language processing, corpus, lexicon grammars and syntax, ambiguity in language, human language processing, computational linguistics

第二节：基础的深度学习模型（Basic deep learning models）：9学时

语言建模，词向量，Word2Vec，神经网络，循环神经网络，长短期记忆网络，图神经网络，注意力机制，Transformers

Language modeling, word embedding, Word2Vec, neural networks, recurrent neural networks, long short-term memory networks, graph neural networks, attention mechanism, Transformers

第三节：词法分析（Lexicon and lexical processing），4学时

隐Markov模型，序列标注，词性标注，词切分，组合歧义，交叉歧义

Hidden Markov models, sequence labeling, part-of-speech tagging, word segmentation, combinatorial ambiguity, cross ambiguity

第四节：句法分析（Syntax processing），7学时

句法分析的语言学背景（语块，依存），上下文无关文法，依存文法，宾州语料库，基于转换的依存句法分析及推断

Linguistic intuitions of syntax processing （constituent, dependency）, context-free grammar, dependency grammar, Penn treebank, transition-based dependency parsing and inference

第五节：语义分析（Semantic analysis），4学时

词义消歧，语义角色标注，组合语义分析，抽象语义表示，指代消解

Word sense disambiguation, semantic role labeling, compositionality, abstract meaning representation, anaphora resolution

第六节：篇章分析（Discourse parsing），3学时

篇章分析，修辞结构分析，谓词论元结构，篇章向心理论，宾州篇章语料库，基于转移的分析方法，基于图的分析方法

Discourse parsing, rhetorical structure analysis, predicate-argument structure, centering theory of discourse, Penn discourse treebank, transition-based discourse parsing, graph-based discourse parsing

第七节：大语言模型基础（Basic large language models），6学时

BERT，遮盖技术，编码模型，T5，编码-解码模型，GPT-3，解码模型，精调技术，提示技术，语境学习

BERT, masking, encoder-only models, T5, encoder-decoder models, GPT-3, decoder-only models, fine-tuning, prompt, in-context learning

第八节：自然语言处理应用（Applications of natural language processing），12学时

文本生成，自动摘要，对话生成，自动问答，问题生成，机器翻译，信息抽取

Text generation, automatic summarization, dialogue generation, question answering, question generation, machine translation, information extraction

四、课程特色

这是一门面向信息科学相关专业高年级本科生的专业选修课，在已有的高等数学/数学分析、线性代数A/高等代数、概率统计A、机器学习及Python等课程的基础上，向学生介绍如何使用以数据为驱动，以模式识别、机器学习、深度学习为手段的经验性方法来解决自然语言处理（特别是文本数据处理）中的常见问题，并培养他们分析、处理大规模数据的实际动手能力。同时，就一些热点课题，如信息抽取、文本生成、对话生成、大语言模型等，介绍较为前沿的研究进展。希望无论是继续深造还是即将步入工作岗位的学生都能受益于这门课程。

3.7.3.6　机器人学

一、课程基本情况

<table>
<tr><td rowspan="2">课程名称</td><td colspan="12">机器人学</td></tr>
<tr><td colspan="12">Introduction to Robotics</td></tr>
<tr><td rowspan="2">开课时间</td><td colspan="3">一年级</td><td colspan="3">二年级</td><td colspan="3">三年级</td><td colspan="3">四年级</td></tr>
<tr><td>秋</td><td>春</td><td>暑</td><td>秋</td><td>春</td><td>暑</td><td>秋</td><td>春</td><td>暑</td><td>秋</td><td>春</td><td>暑</td></tr>
<tr><td>适用院系</td><td colspan="12">元培学院、信息科学技术学院、人工智能研究院、智能学院</td></tr>
<tr><td>课程定位</td><td colspan="12">学院平台课</td></tr>
<tr><td>学分</td><td colspan="12">3 学分</td></tr>
<tr><td>总学时</td><td colspan="12">48 学时</td></tr>
<tr><td>先修课程</td><td colspan="12">数学类基础课</td></tr>
<tr><td>后续课程</td><td colspan="12">—</td></tr>
<tr><td>教学方式</td><td colspan="12">课堂讲授、课题调研分享</td></tr>
<tr><td>课时分配</td><td colspan="12">课堂讲授（45 学时）+ 课题调研分享（3 学时）</td></tr>
<tr><td>考核方式</td><td colspan="12">平时作业占 20%，课程大作业占 30%，期末考试占 50%</td></tr>
<tr><td>主要教材</td><td colspan="12">John Craig, Introduction to Robotics: Mechanics and Control（4th Edition）, Pearson</td></tr>
<tr><td>参考资料</td><td colspan="12">Kevin M. Lynch, Frank C. Park, Modern Robotics: Mechanics, Planning and Control, Cambridge University Press</td></tr>
</table>

二、教学目的和基本要求

作为机器人学方向高年级本科生的专业必修课，本课程综合介绍机器人基础理论和前沿进展，以提高学生对机器人系统的理解。通过教学，让学生掌握机器人学基本知识、主要方法，了解机器人主要发展方向和代表性成果。

三、课程的构架和知识点

第一节：机器人学的基础知识（Basic theory of robotics），15学时

自由度，空间表达和坐标变换，正、逆运动学，Jacobi矩阵

Degrees of freedom, spatial descriptions and transformations, forward/inverse kinematics, Jacobian matrix

第二节：机器人运动控制（Robot motion control），13学时

自动控制概述，反馈控制，系统响应特性，PID控制

Overview of automatic control, feedback control, characteristic of system response, PID control

第三节：机器人运动规划（Robot motion planning），11学时

轨迹生成，任务尺度优化，时间尺度优化，避障与导航，运动规划

Trajectory generation, task scale optimization, time scale optimization, obstacle avoidance and navigation, motion planning

第四节：机器人学前沿进展（Recent advances in robotics），6学时

机器人学前沿进展讲座

Invited talks on recent advances in robotics

第五节：课题调研（Special topics study），3学时

围绕机器人学相关课题的自主调研和课堂分享

Investigation and discussion on special topics in robotics

四、课程特色

本课程综合介绍机器人学涉及的理论力学、机械工程、运动控制等基础知识，并介绍前沿进展，引导学生进行自主调研，将书本知识与机器人实际应用相结合。

3.7.3.7 多智能体系统

一、课程基本情况

课程名称	多智能体系统 Multi-agent Systems											
开课时间	一年级			二年级			三年级			四年级		
	秋	春	暑	秋	春	暑	秋	春	暑	秋	春	暑
适用院系	元培学院、信息科学技术学院、人工智能研究院、智能学院											
课程定位	学院平台课											
学分	3 学分											
总学时	48 学时											
先修课程	机器学习											
后续课程	—											
教学方式	课堂讲授、课程项目汇报											
课时分配	课堂讲授（45 学时）+ 课程项目汇报（3 学时）											
考核方式	平时作业占 10%，实验占 30%，期末考试占 60%											
主要教材	Yoav Shoham, Kevin Leyton-Brown, Multiagent Systems: Algorithmic, Game-Theoretic, and Logical Foundations, Cambridge University Press											
参考资料	1. Michael Maschler, Eilon Solan, Shmuel Zamir, Game Theory（2nd Edition）, Cambridge University Press 2. Kevin Leyton-Brown, Yoav Shoham, Essentials of Game Theory: A Concise, Multidisciplinary Introduction, Springer											

二、教学目的和基本要求

本课程的教学目的是使学生掌握多智能体系统的理论、算法，并体验相应的工程实践，其中要求学生自主学习并完成课程报告。

三、课程的构架和知识点

第一节：课程概览（Overview of course），3学时

多智能体系统历史，近期技术发展与应用，课程概览

History of multi-agent systems, recent technological developments and applications, overview of course

第二节：博弈论基础介绍（Introduction to game theory），3学时

博弈论的基本概念，纯策略Nash均衡，混合策略Nash均衡，Nash均衡的存在性证明

Basic concepts of game theory, pure strategy Nash equilibrium, mixed strategy Nash equilibrium, proof of existence of Nash equilibrium

第三节：博弈形式及其扩展（Game forms and their extensions），3学时

重复博弈，拓展形式博弈，位势博弈，群体智能理论

Repeated games, extensive form games, potential games, collective intelligence theory

第四节：Nash均衡求解（Nash equilibrium computation），3学时

零和博弈及Nash均衡计算，极大极小博弈介绍，Nash均衡的线性规划解法，线性互补问题，用Lemke-Howson 算法求解线性互补问题

Zero-sum games and Nash equilibrium computation, introduction to minimax games, linear programming solutions for Nash equilibrium, linear complementarity problems, solving linear complementarity problems with Lemke-Howson algorithm

第五节：博弈中的动力学模型（Dynamics models in games），3学时

动态系统的梯度提升优化，虚拟博弈，理性学习，演化博弈论，复制动态方程

Gradient optimization of dynamic systems, fictitious games, rational learning, evolutionary game theory, replicator dynamics equation

第六节：多智能体系统与经济学（Multi-agent systems and economics），3学时

Bayes博弈，拍卖与机制设计，拍卖模式：第一价格拍卖与密封式拍卖；人工智能经济学家与社会困境

Bayesian games; Auctions and mechanism design, auction formats: first-price auctions and sealed-bid auctions; AI economists and social dilemmas

第七节：强化学习基础理论（Fundamentals of reinforcement learning），3学时

基础Markov决策过程，动态规划方法，值迭代，策略迭代方法

Basic Markov decision processes, dynamic programming methods, value iteration, policy iteration methods

第八节：强化学习中的值方法（Value-based methods in reinforcement learning），3学时

Monte-Carlo方法，时序差分方法，TD-λ方法，离轨策略方法，Q学习方法，深度值函数方法

Monte-Carlo methods, temporal difference methods, TD-λ, off-policy methods, Q-learning, deep value function methods

第九节：强化学习中的策略梯度方法（Policy gradient methods in reinforcement learning），3学时

策略梯度，策略梯度理论证明，行动者-评论家方法，深度策略梯度方法

Policy gradients, policy gradient theoretical proof, actor-critic methods, deep policy gradient methods

第十节：多智能体强化学习算法（Multi-agent reinforcement learning algorithms），3学时

多智能体值迭代与策略迭代，Nash-Q学习方法，对手建模，心智理论，递归推理

Multi-agent value iteration and policy iteration, Nash-Q learning, opponent modeling, theory of mind, recursive reasoning

第十一节：多智能体自主协作（Multi-agent autonomous cooperation），3学时

合作博弈建模，Shapley值概念，基于值函数分解方法，大规模多智能体平均场强化学习

Cooperative game modeling, concept of Shapley value, value function decomposition-based approaches, large-scale multi-agent mean field reinforcement learning

第十二节：多智能体博弈对抗（Multi-agent game adversaries），3学时

策略空间的非传递性，基于策略空间的自博弈方法，遗憾值最小化方法，Monte-Carlo树搜索以及AlphaGo

Non-transitivity of policy space, self-play approaches in policy space, regret minimization methods, Monte-Carlo tree search and AlphaGo

第十三节：多智能体通信学习（Multi-agent communicative learning），3学时

廉价对话模型，Bayes劝说模型，多智能体通信算法，通信学习方法

Cheap talk models, Bayesian persuasion models, multi-agent communication algorithms, communicative learning methods

第十四节：多智能体系统控制（Multi-agent system control），3学时

多机器人系统，分布式控制，一致性控制，分布式协作，编队控制，协作围捕，协作运输，等等

Multi-robot systems, distributed control, consensus control, distributed collaboration, formation control, cooperative encirclement, cooperative transport, etc.

第十五节：项目报告（Project report），3学时

基于强化学习的王者荣耀1vs1对抗，大规模无人机集群对抗

King of Glory 1vs1 confrontation based on reinforcement learning, large-scale drone cluster confrontation

第十六节：课程总结（Course summary），3学时

课程知识点总结，多智能体系统前沿工作介绍，未来技术展望

Summary of course knowledge points, introduction to cutting-edge work in multi-agent systems, future technological prospects

四、课程特色

本课程重视基础理论和工程实践相结合，力求让学生全方位了解多智能体系统，鼓励学生找到自己的研究兴趣。

3.7.4　人工智能交叉课程

3.7.4.1　人工智能、伦理与治理

一、课程基本情况

课程名称	人工智能、伦理与治理											
	AI, Ethics and Governance											
开课时间	一年级			二年级			三年级			四年级		
	秋	春	暑	秋	春	暑	秋	春	暑	秋	春	暑
适用院系	元培学院、信息科学技术学院、人工智能研究院、智能学院											
课程定位	学院平台课											
学分	2 学分											
总学时	30 学时											
先修课程	无											
后续课程	—											
教学方式	课堂讲授											
课时分配	均为课堂讲授（30 学时）											
考核方式	平时表现占 10% ～ 20%，作业占 20% ～ 30%，期末报告占 50% ～ 60%											
主要教材	—											
参考资料	1. Stuart Russell, Peter Norvig, Artificial Intelligence: A Modern Approach（4th Edition）, Pearson Education 2. Jerry Kaplan, Artificial Intelligence: What Everyone Needs to Know, Oxford University Press 3. Wendell Wallach, Colin Allen, Moral Machine, Teaching Robots Right from Wrong, Oxford University Press											

二、教学目的和基本要求

1. 加深理工科背景的学生对人工智能和机器人技术带来的伦理挑战及在国际多元文化背景下引发的专业理论争论的理解，为智能学科相关专业（特别是人工智能和机器人专业）的学生建立前瞻性的专业伦理反思基础。

2. 促进人文院系的学生走出原有的人文意识和人文传统，加深他们对当今“智能时代”科技发展带来的新问题和新挑战的理解。

3. 引领学生探讨如何应对人工智能技术带来的社会风险，注重机器人技术发展中产生的伦理问题，总结并采取相应的对策，趋利避害，促进人类社会发展。

三、课程的构架和知识点

第一节：课程简介（Overview of course），2学时

善好的含义，人工智能体和机器人的道德价值，机器伦理

The concept of the good, moral values of AI agents and robots, machine ethics

第二节：人工智能概述（Overview of AI），2学时

人工智能的基本概念，人工智能发展历程，人工智能研究现状及前沿问题，人工智能的风险，人工智能伦理问题

Basic concepts of AI, brief history of AI, research status and frontier problems of AI, risks from AI, ethical issues in AI

第三节：机器人学概述（Overview of robotics），2学时

机器人学的基本概念，机器人学发展历程，机器人学研究现状及前沿问题，机器人学伦理问题

Basic concepts of robotics, brief history of robotics, research status and frontier problems of robotics, ethical issues in robotics

第四节：人工智能体能思考吗?（Can AI agents think?），2学时

机器智能，Turing测试，人类智能，人工智能，“中文之屋”及其相关哲学反思

Machine intelligence, Turing test, human intelligence, AI, the “Chinese room” argument and the relevant philosophical reflections

第五节：情感与认知（Emotion and cognition），3学时

情感计算，情感架构，感质，基础与复杂情感，感觉理论，认知理论，评价理论，混合理论

Affective computing, emotional architecture, qualia, basic and complex emotions, feeling theories, cognitivist theories, evaluative theories, mixed theories

第六节：人工智能与自由意志（AI and free will），2学时

人工智能时代的自由意志，道德责任，相容论，不相容论，操纵论证

Free will in the age of AI, moral responsibility, compatibilism, incompatibilism, manipulation argument

第七节：人工智能伦理概述（Overview of AI ethics），3学时

伦理的本质，伦理学的基础理论，人工智能体和机器人的伦理挑战，人工智能体和机器人伦理的一般原则

The nature of ethics, fundamental theories of ethics, the ethical challenge of AI and robots, general principles of ethics of AI and robots

第八节：人工智能体与机器人的道德决策Ⅰ（Moral decision of AI agents and robots Ⅰ），2学时

功能伦理，功利主义与义务论，top-down路线

Functional ethics, utilitarianism and deontology, top-down approaches

第九节：人工智能体与机器人的道德决策Ⅱ（Moral decision of AI agents and robots Ⅱ），2学时

美德伦理，bottom-up路线，自主性与自控性

Virtue ethics, bottom-up approaches, autonomy and self-control

第十节：谁的责任（Who is responsible?），2学时

责任的概念，责任的归属与分配，自主与责任

The concept of responsibility, the attribution and distribution of responsibility, autonomy and responsibility

第十一节：数字世界的生命传播（Being communication in the digital world），2学时

人工智能的应用，算法与对话，自我，认知与交流，生命传播

Applications of AI, algorithms and dialogue, self, cognition and communication, being communication

第十二节：人机世界中的跨媒介叙事（Cross media narrative in the human-machine world），2学时

叙事，跨媒介叙事，算法游戏，以言行事，社会有机团结

Narrative, cross media narrative, algorithmic games, act by words, social organic solidarity

第十三节：人工智能中的法律和治理（Law and governance in AI），2学时

人工智能的法律风险和挑战、治理与监管

Legal risk and challenge, governance and supervision of AI

第十四节：人工智能的伦理、道德及前沿现状（Ethics, morals and frontiers of AI），2学时

伦理风险，中国机器人伦理标准化方案，伦理治理前瞻

Ethics risks, standardization scheme for Chinese robot ethics, prospect of ethical governance

四、课程特色

本课程采用跨学科学习和研究的方法论，通过人文社科和科技的碰撞，为已有人文传统增添新活力，同时引出新的基础研究问题。课程教学采用“课堂理论课程+课后课题实践”模式，具有以下特色：

1. 课程基于问题导向的模块化教学组织，采取案例教学、场景化教学、互动开放讨论和基础理论反思相结合的教学方式。

2. 课堂教学以讲授方式为主，借助于多媒体着力营造文理交叉的教学环境。

3. 建设基于网站、微信群、专题兴趣小组的多种交互手段和渠道。

4. 鼓励师生之间、学生之间积极互动，共同参与到教学中；鼓励自愿基础上的文理交叉专题小组组合，开展合作研究，营造积极交互、体验反馈的教学生态。

3.7.4.2 人工智能与艺术

一、课程基本情况

课程名称	人工智能与艺术 AI and the Arts											
开课时间	一年级			二年级			三年级			四年级		
	秋	春	暑	秋	春	暑	秋	春	暑	秋	春	暑
适用院系	元培学院、信息科学技术学院、人工智能研究院、智能学院											
课程定位	学院平台课											
学分	2 学分											
总学时	64 学时											
先修课程	计算机视觉、自然语言处理、认知推理											
后续课程	—											
教学方式	课堂讲授、创作与批评											
课时分配	课堂讲授（32 学时）+ 创作与批评（32 学时）											
考核方式	艺术创作作品占 50%，艺术批评报告占 20%，计算美学报告占 30%											
主要教材	—											
参考资料	开源软件											

二、教学目的和基本要求

本课程旨在培养人工智能艺术创作和美学研究人才，重点讲解人工智能艺术和美学的发展历史、主要理论，以及人工智能在绘画、音乐、书法、电影、诗歌等领域的表现，激发学生探索人工智能艺术的兴趣，为学生在某个艺术门类取得创作成就做好准备。

三、课程的构架和知识点

第一节：人工智能艺术简史（Brief history of AI arts），2学时

人工智能艺术的起源、历史与发展

The origin, history and development of AI arts

第二节：人工智能艺术的前景与挑战（Prospect and challenges of AI arts），2学时

人工智能艺术的前景与挑战

The prospect and challenges of AI arts

第三节：传统美学与美感度量（Traditional aesthetics and aesthetic measurement），2学时

传统美学与美感度量的发展进程

The development process of traditional aesthetics and aesthetic measurement

第四节：神经美学与美感度量（Neuroaesthetics and aesthetic measurement），2学时

神经美学研究的主要问题及发展进程

The main problems and development process of neuroaesthetics research

第五节：计算美学与美感度量（Computational aesthetic and aesthetic measurement），2学时

美学计算模型

Computational aesthetic models

第六节：人工智能与绘画（AI and drawing），4学时

人工智能绘画算法，人机交互

AI drawing algorithms, human-computer interaction

第七节：人工智能与雕塑（AI and sculpture），2学时

人工智能技术与雕塑艺术的关系

The relationship between AI technology and sculpture art

第八节：人工智能与书法（AI and calligraphy），2学时

人工智能技术与书法艺术的关系

The relationship between AI technology and calligraphy art

第九节：人工智能与舞蹈（AI and dance），2学时

人工智能技术与舞蹈艺术的关系

The relationship between AI technology and dance art

第十节：人工智能与音乐（AI and music），4学时

音乐相关的计算机及人工智能技术

The computing and AI technology related to music

第十一节：人工智能与诗歌（AI and poetry），2学时

看图写诗技术，人工智能作诗技术

Poems generation for images, and poems generation by AI

第十二节：人工智能与戏剧（AI and drama），2学时

人工智能技术与戏剧的关系

The relationship between AI technology and drama

第十三节：人工智能与电影（AI and films），4学时

人工智能与科幻电影的关系

The relationship between AI and science fiction films

第十四节：人工智能艺术创作与批评（AI art creation and criticism），32学时

学生可根据自己的兴趣在绘画、雕塑、书法、音乐、诗歌、戏剧、电影等艺术门类中选择一个门类进行创作；在指导教师的带领下，确定创作方案，对作品展开批评，完成作品

Students can choose one of the artistic categories, such as painting, sculpture, calligraphy, music, poetry, drama and film, according to their interests; Under the guidance of the instructor, students need to determine the creation plan, criticize the work, and complete the work

四、课程特色

本课程分为知识讲解与创作实践两部分，先修知识讲解部分，再修创作实践部分。本课程涉及的艺术形式多样，学生可根据自己的兴趣和特长进行发挥，完成艺术创作的完整过程。

3.7.4.3 人工智能与社会科学

一、课程基本情况

课程名称	人工智能与社会科学 AI and the Social Sciences											
开课时间	一年级			二年级			三年级			四年级		
	秋	春	暑	秋	春	暑	秋	春	暑	秋	春	暑
适用院系	元培学院、信息科学技术学院、人工智能研究院、智能学院											
课程定位	学院平台课											
学分	2 学分											
总学时	32 学时											
先修课程	无											
后续课程	—											
教学方式	课堂讲授、实践											
课时分配	课堂讲授（30 学时）+ 实践（2 学时）											
考核方式	课程汇报											
主要教材	—											
参考资料	1. Nigel Gilbert, Rosaria Conte, Artificial Societies: The Computer Simulation of Social Life, Routledge 2. Tjalling C. Koopmans, On the Concept of Optimal Economic Growth, Cowles Foundation for Research in Economics, 1963, No.163 3. Kevin D. Ashley, Artificial Intelligence and Legal Analytics: New Tools for Law Practice in the Digital Age, Cambridge University Press 4. 黄萃、彭国超、苏竣，智慧治理，清华大学出版社 5. 马尔科姆·沃特斯，现代社会学理论（第 2 版）（第二章），华夏出版社											

二、教学目的和基本要求

1. 帮助学生了解人工智能技术的应用场景和基本操作。

2. 介绍现阶段人工智能与经济学、社会学、法学、管理学等学科的交融互动，引导学生利用新技术认识和分析社会经济问题。

3. 培养学生发现问题、提出问题和解决问题的创新思维、创新能力与科学批判精神。

三、课程的构架和知识点

第一节：多智能体导论（Introduction to multi-agent），6学时

人工生命，Nash均衡，核，机制设计，自组织，遗传算法，群体进化

Artificial life, Nash equilibrium, core, mechanism design, self-organization, genetic algorithm, group evolution

第二节：人工智能与社会（AI and society），6学时

集体行动，组织行动，行动的生命周期，社会信任，社会制度，规范的涌现，文化的流行、整合与多样性，空间分化与族群隔离，Pareto与财富分布，糖域模型

Collective action, organizational action, life cycle of action, social trust, social system, emergence of norms, the prevalence, integration and diversity of culture, spatial differentiation and ethnic isolation, Pareto and wealth distribution, sugar domain models

第三节：人工智能与经济模型（AI and economic models），6学时

代表性家户模型，世代交叠模型，异质性家户模型，行为经济学模型，收入与财富分配问题，最优税率问题，AIBM模型

Representative household models, overlapping generation models, heterogeneous household models, behavioral economics models, income and wealth distribution problems, optimal tax rate problems, AIBM models

第四节：人工智能法律模型与系统（AI legal models and systems），6学时

法律的代码化与算法化，智能法律体与基础设施，法律的智能指令与执行机制，智能法律推理模型，法律的智能变迁，智能法律运行机制

Code and algorithm of law, intelligent legal agent and infrastructure, intelligent instruction and execution mechanism of law, intelligent legal reasoning models, intelligent transition of law, intelligent operation mechanism of law

第五节：人工智能与政府治理（AI and national governance），6学时

政府治理，公共管理，政务数字化转型，智慧城市的现状，人工智能的应用（社会治理，智慧城管，智慧交通，智慧公共服务，公共信用体系，网络反腐，产业治理）

National governance, public management, digital transformation of government affairs, the status quo of smart cities, the applications of AI （social governance, smart urban management, smart transportation, smart public services, public credit system, network anti-corruption, industrial governance）

四、课程特色

本课程介绍人工智能的基础知识，并讲解人工智能在经济社会中的应用，重在培养学生发现问题、提出问题，利用新技术分析解决问题的能力，鼓励学生动手编程、积极

思考、协同合作，使学生最终学有所获。

3.7.4.4 人工智能与人文

一、课程基本情况

课程名称	人工智能与人文 AI and Humanities											
开课时间	一年级			二年级			三年级			四年级		
	秋	春	暑	秋	春	暑	秋	春	暑	秋	春	暑
适用院系	元培学院、信息科学技术学院、人工智能研究院、智能学院											
课程定位	学院平台课											
学分	3 学分											
总学时	48 学时											
先修课程	无											
后续课程	人工智能伦理、哲学导论、数理逻辑、模态逻辑											
教学方式	课堂讲授											
课时分配	均为课堂讲授（48 学时）											
考核方式	平时作业占 50%，小论文占 50%											
主要教材	教师自编讲义											
参考资料	—											

二、教学目的和基本要求

本课程旨在让学生了解一些与人工智能研究有关的哲学理论、分析工具以及人工智能与哲学、国学等人文领域交叉研究的成果，帮助学生在未来的人工智能研究中获得一些思想文化上的资源，并增加其思想深度。

在基本要求方面，在知识上，要求学生了解和掌握哲学的基本研究方法，哲学和国学等人文领域的基础知识，以及一些与人工智能研究相关的重要理论；在技能上，要求学生知道和掌握如何获取相关的人文文献，能够把一些想法精确化和形式化；在态度上，能够养成较为深入思考问题的习惯，有一个开放的心态来获取各种思想资源。

三、课程的构架和知识点

第一节：为什么人工智能研究与哲学有关？（Why AI research is relevant to philosophy?）3学时

哲学研究的对象，哲学研究的方法；哲学与数学、计算机及自然科学的关系，哲学与当代人工智能研究的关系

The objective of philosophy, the method of philosophy; The relationship between philosophy and mathematics/computer science/natural sciences, the relationship between philosophy and contemporary AI research

第二节：逻辑：哲学的数学（Logic: The mathematics of philosophy），6学时

逻辑学研究对象和历史，命题逻辑，谓词逻辑，模态逻辑，人工智能相关的逻辑

The research object and history of logic, propositional logic, predicate logic, modal logic,

logic for AI

第三节：知识：定义、表示与推理（Knowledge: Definition, representation and reasoning），6学时

知识定义的争论，形式化的知识，知识的推理，群体的知识

Argument on the definition of knowledge, formalizing knowledge, reasoning about knowledge, group knowledge

第四节：语言：指称、意义与真（Language: Reference, meaning and truth），3学时

自然语言与形式语言，含义与指称，意义理论，真值语义学

Natural language and formal language, sense and reference, theories of meaning, truth conditional semantics

第五节：因果：定义、表示与推理（Causality: Definition, representation and reasoning），3学时

因果性与相关性，因果模型及推理

Causality and correlation, causal models and reasoning

第六节：表征之谜（The puzzle of representation），3学时

图像表征，相似理论，表征解释与意向性

Pictorial representation, resemblance theory, interpretation and intentionality

第七节：心灵在自然中的位置（The place of mind in nature），3学时

心身问题，行为主义的不足，因果论，常识心理学

The mind-body problem, deficiencies of behaviourism, the causal picture of thoughts, common-sense psychology

第八节：计算机会思考吗？（Can a computer think?）3学时

智能与计算，框架难题，“中文屋”的挑战

Intelligence and computation, frame problem, challenge from “Chinese room”

第九节：人类心灵是机器吗？（Is the human mind a machine?）3学时

功能论，心灵语言假设，连接主义的挑战

Functionalism, mentalese hypothesis, challenges from connectionism

第十节：表征的自然主义解释（The naturalistic interpretation of representation），3学时

自然主义的概念，指示论，行为效果论，生物功能论

The concept of naturalism, indication theory, satisfaction in action, biological function

第十一节：人工智能与国学（AI and Chinese classics），6学时

人工智能思维解读国学经典，人工智能思维梳理、认知中国文化

Interpreting Chinese classics by AI thought, analyzing and cognizing Chinese culture by AI thought

第十二节：人工智能与中国文化发展（The development of AI and Chinese culture），6学时

人工智能赋能中国文化发展，中国文化与人工智能价值观形成

Promoting the development of Chinese culture by AI, Chinese culture and forming of AI values

四、课程特色

本课程是一门为人工智能专业学生量身定做的人工智能与哲学、国学等人文领域的交叉学科研究课，梳理与人工智能研究相关的一些重要的哲学思想、国学知识、理论以及可形式化、可计算的技术工具。本课程包括西方哲学的一些核心内容，特别是历史上对人工智能研究产生过重要作用的内容，也包括中国哲学对于人工智能研究具有启发性的一些想法，同时并不局限于对于人工智能本身的哲学研究，而是希望提供给学生更多哲学和国学等人文领域中的思想资源。希望学生通过本课程的学习，可以让其关于人工智能研究的思想深入化、精确化，从而辅助人工智能的研究并促进相关人文领域研究的发展。

3.7.4.5 人工智能与芯片设计

一、课程基本情况

课程名称	人工智能与芯片设计 AI and Chips Design											
开课时间	一年级			二年级			三年级			四年级		
	秋	春	暑	秋	春	暑	秋	春	暑	秋	春	暑
适用院系	元培学院、信息科学技术学院、人工智能研究院、智能学院											
课程定位	学院平台课											
学分	2 学分											
总学时	34 学时											
先修课程	人工智能基础											
后续课程	—											
教学方式	课堂讲授、实验、报告与讨论											
课时分配	课堂讲授（18 学时）+ 实验（12 学时）+ 报告与讨论（4 学时）											
考核方式	平时作业占 20%，学习报告占 40%，实验占 40%											
主要教材	—											
参考资料	1. Neil H. E. Weste, David Money Harris 等，CMOS 超大规模集成电路设计（第 4 版）（英文版），电子工业出版社 2. Pete Warden, Daniel Situnayake, TinyML: Machine Learning with TensorFlow Lite on Arduino and Ultra-Low-Power Microcontrollers, O'Reilly Media											

二、教学目的和基本要求

本课程为人工智能专业及相关专业的学生提供人工智能芯片（chip for AI）与芯片设计中的人工智能（AI for chip）交叉学科前沿领域的介绍，使学生了解芯片设计的底层逻辑，启发智能学科与芯片相关的交叉学科思维。通过学习本课程，学生可以：

1. 掌握集成电路设计的基本概念与基本设计流程，掌握从人工智能算法至硬件的部署运行原理。

2. 掌握典型人工智能专用加速器架构（如脉动阵列、存内计算等），能够将常用人工智能算法部署至专用人工智能芯片上。

3. 了解芯片设计自动化中的典型智能计算需求与求解算法，以及前沿芯片设计自动化中的智能计算需求与自动化问题。

4. 掌握数字集成电路设计验证流程、模拟集成电路仿真验证调参流程，了解典型自动化设计工具。

三、课程的构架和知识点

第一节：人工智能芯片概述（Overview of AI chips），4学时

人工智能与智能计算芯片编年史及二者的重叠

Chronicles of AI and intelligent computing chips and their overlap

第二节：数字集成电路介绍（Introduction to digital integrated circuits），3学时

数字集成电路的基本概念，设计流程，Verilog HDL简介

Basic concepts of digital integrated circuits, design process, introduction to Verilog HDL

第三节：实验Ⅰ：数字集成电路设计（Experiment Ⅰ: Digital integrated circuits design），3学时

CPU基本结构，存储器结构与行为模型

Basic structures of CPU, memory structures and behavioral models

第四节：CPU/GPU硬件结构（Hardware architecture of CPU/GPU），3学时

单核单线程计算硬件，加速器硬件，SIMT架构（GPU）

Single core single thread computing hardware, accelerator hardware, SIMT architecture（GPU）

第五节：实验Ⅱ：GPU编程（Experiment Ⅱ: GPU programming），3学时

GPU软硬件接口实验

GPU hardware and software interface experiment

第六节：深度学习的芯片架构与硬件计算原理（Chip architecture and hardware computation principle of deep learning），4学时

软硬件接口的智能芯片编程流程及面向深度学习的专用加速器架构简介：脉动阵列，存内计算，可重构架构（CGRA与FPGA）

Introduction to intelligent chip programming process of software and hardware interface and special accelerator architecture for deep learning: Systolic arrays, in-memory computing, reconfigurable architecture （CGRA and FPGA）

第七节：实验Ⅲ：硬件计算原理实践（Experiment Ⅲ: Practic of hardware computation principle），3学时

通过实践理解芯片如何运行人工智能算法，理解从软件到电子工程层次的联系

Through practice, understand how the chip runs AI algorithms, and understand the relationship between software and electronic engineering

第八节：报告与讨论（Report and discussion），2学时

总结人工智能芯片架构的思想，学生报告设计目标与独特方法，讨论前沿人工智能芯片研究思路与趋势

Summarize the idea of AI chip architecture, students report design objectives and unique methods, and discuss the research ideas and trends of cutting-edge AI chips

第九节：人工智能芯片设计流程介绍（Introduction to design process of AI chips），4学时

深入探讨自动化设计流程中智能计算的需求，版图布局、设计规则检查优化问题的智能算法，基于强化学习的矩阵乘法计算方法改进

In depth discussion on the requirements of intelligent computing in the automated design process, the intelligent algorithm for layout placement, design rule check （DRC） optimization problems, and the improvement of matrix multiplication calculation method based on reinforcement learning

第十节：实验Ⅳ：EDA中的人工智能实例（Experiment Ⅳ: AI examples in EDA），3学时

通过实例理解人工智能加速芯片设计的方法与效率

Understand the method and efficiency of AI accelerated chip design through examples

第十一节：报告与讨论（Report and discussion），2学时

面向芯片设计中的人工智能问题，学生报告给定论文的设计目标与独特方法，讨论前沿芯片设计智能化的研究思路与趋势

For AI in chip design, students will report the design objectives and unique methods of the given papers, and discuss the research ideas and trends of intelligent chip design

四、课程特色

作为智能芯片交叉科学的启蒙课，本课程面向人工智能芯片设计零基础的学生，帮助学生了解智能芯片领域的科研前沿、国家需求和行业状况。

本课程可回答下列几个问题（示例）：

1. GPU如何加速深度学习计算？除了GPU外，还有没有其他智能芯片？
2. 智能芯片是如何设计出来的？
3. 是先有芯片后有智能（算法），还是先有智能（算法）后有芯片？
4. 人工智能如何帮助设计芯片？

3.7.4.6　人工智能与商学

一、课程基本情况

课程名称	人工智能与商学											
	AI and Business											
开课时间	一年级			二年级			三年级			四年级		
	秋	春	暑	秋	春	暑	秋	春	暑	秋	春	暑
适用院系	元培学院、信息科学技术学院、人工智能研究院、智能学院											
课程定位	学院平台课											
学分	3 学分											
总学时	51 学时											
先修课程	概率论、高等数学 / 数学分析、线性代数 A / 高等代数											
后续课程	—											
教学方式	课堂讲授											
课时分配	课堂讲授（48 学时）+ 期中考试（3 学时）											
考核方式	期中考试占 40%，课程大作业一占 30%，课程大作业二占 30%											
主要教材	—											
参考资料	—											

二、教学目的和基本要求

本课程是一门“人工智能+X”的交叉课程，讲述人工智能与商学交叉领域的理论、算法、应用实践，由人工智能基础理论引入，着重介绍人工智能在商学中应用的方法、技术。此外，本课程强调学生的动手能力，将通过多种软件、硬件实验环境（包括各类人工智能算法及其在商学中的应用）从实践上验证课程所学的算法。本课程的主要教学目的是：

1. 使学生理解人工智能与商学交叉领域的基础理论和应用。
2. 使学生熟悉并掌握人工智能在商学中应用的方法、技术。
3. 提高学生的动手能力，通过实践应用来深化学生对人工智能算法的理解和掌握。
4. 培养学生在商学中应用人工智能的创新思维和解决问题的能力。

三、课程的架构和知识点

第一节：课程概论（Overview of course），3学时

人工智能基础，商学基础，人工智能与商学前沿概论

Foundations of AI, fundations of business studies, introduction to the intersection of AI and business studies

第二节：优化与机器学习基础（Fundamentals of optimization and machine learning），3学时

随机梯度优化，一阶梯度方法，二阶梯度方法

Stochastic gradient optimization, first-order gradient methods, second-order gradient methods

第三节：深度学习基础（Foundations of deep learning），3学时

监督学习模型，深度神经网络，扩散生成模型

Supervised learning models, deep neural networks, generative diffusion models

第四节：深度学习进阶（Advanced deep learning），3学时

深度生成模型，跨模态深度模型，深度训练架构

Deep generative models, cross-modal deep models, deep training architectures

第五节：强化学习基础（Foundations of reinforcement learning），3学时

基础Markov决策过程，动态规划方法，值迭代，策略迭代方法

Basic Markov decision processes, dynamic programming methods, value iteration, policy iteration methods

第六节：强化学习中的值方法（Value methods in reinforcement learning），3学时

Monte-Carlo方法，时序差分，TD-λ，离轨策略方法，Q学习，深度值函数方法

Monte-Carlo methods, temporal difference, TD-λ, off-policy methods, Q-learning, deep value function methods

第七节：策略梯度方法（Policy gradient methods），3学时

策略梯度，策略梯度理论证明，Actor-Critic方法，深度策略梯度方法

Policy gradients, policy gradient theoretical proof, Actor-Critic methods, deep policy gradient methods

第八节：智能博弈与决策（Intelligent games and decision-making），3学时

博弈论基础，合作博弈学习算法，零和博弈学习算法，多智能体强化学习

Foundations of game theory, cooperative game learning algorithms, zero-sum game learning algorithms, multi-agent reinforcement learning

第九节：大语言模型（Large language models），3学时

GPT模型预训练算法，从人类反馈中进行强化学习、对齐，大模型的应用

GPT pretraining algorithms, RLHF/alignment, applications of large models

第十节：仿真建模基础（Foundations of simulation modeling），3学时

系统仿真简介，随机数生成，仿真输入，输出分析

Introduction to system simulation, random number generation, simulation input, output analysis

第十一节：金融科技与人工智能（Fintech and AI），3学时

智能投资策略，风险管理与预测，人工智能在金融创新中的应用

Intelligent investment strategies, risk management and forecasting, applications of AI in financial innovation

第十二节：企业战略与数字化转型（Corporate strategy and digital transformation），3学时

数字化战略规划，人工智能对企业战略的影响，数字化转型的成功案例

Digital strategic planning, the impact of AI on corporate strategies, successful cases of digital transformation

第十三节：商业数据分析与决策支持（Business data analysis and decision support），3学时

商业数据收集、清洗与分析，数据驱动的决策制定，商业智能工具的应用

Collection, cleaning, and analysis of business data, data-driven decision-making, applications of business intelligence tools

第十四节：供应链库存策略优化（Optimization of supply chain inventory policies），3学时

大规模供应链库存系统仿真，单智能体强化学习的应用，多智能体强化学习的应用

Large-scale supply chain inventory system simulation, applications of single-agent reinforcement learning, applications of multi-agent reinforcement learning

第十五节：市场营销与人工智能（Marketing and AI），3学时

个性化营销策略，市场预测与趋势分析，智能广告与推荐系统

Personalized marketing strategies, market forecasting and trend analysis, intelligent advertising and recommendation systems

第十六节：人工智能的前沿商业应用（Cutting-edge business applications of AI），3学时

基于风险度量的强化学习，人工智能在风险管理中的应用，人工智能在经济学中的应用

Risk-aware reinforcement learning, applications of AI in risk management, applications of AI in economics

四、课程特色

本课程涵盖了人工智能与商学交叉领域的基础知识、前沿技术和应用实践，主要特色为：

1. 跨学科融合：本课程将人工智能和商学相结合，使学生能够深入理解两者之间的关系和相互影响。通过学习，学生将能够应用人工智能技术来解决商业问题，提高决策效率。

2. 深度学习与强化学习：本课程包括深度学习与强化学习的基础和进阶知识。学生将学习如何使用深度学习技术处理大规模数据，并了解强化学习在决策制定中的应用，从而培养对复杂商业场景的智能响应能力。

3. 商业数据分析与决策制定：本课程涵盖商业数据的收集、清洗和分析，强调数据驱动的决策制定。学生将学到如何利用商业智能工具支持决策，提高企业的战略敏感性。

4. 金融科技和数字化转型：关注金融科技与人工智能的结合，以及数字化转型对企业战略的影响。学生将了解智能投资策略、风险管理以及人工智能在金融创新中的应用。

5. 实践导向：通过仿真建模、供应链库存策略优化等实际案例，培养学生将所学理论知识应用于实际商业情境中，提升学生解决问题的实际能力。

6. 前沿商业应用：最后几节课强调人工智能的前沿商业应用，包括基于风险度量的强化学习、人工智能在风险管理和经济学中的应用。学生将了解所关注行业的领先技术和发展趋势，为未来商业挑战做好准备。

基于这些特色，学生将在人工智能和商学领域获得全面而实用的知识，具备未来在创新、决策和战略制定方面的竞争力。

3.7.5 人工智能科研与实践课程

3.7.5.1 人工智能初级研讨班

一、课程基本情况

课程名称	人工智能初级研讨班											
	Elementary Seminar on AI											
开课时间	一年级			二年级			三年级			四年级		
	秋	春	暑	秋	春	暑	秋	春	暑	秋	春	暑
适用院系	元培学院、信息科学技术学院、人工智能研究院、智能学院											
课程定位	学院平台课											
学分	1 学分											
总学时	32 学时											
先修课程	无											
后续课程	—											
教学方式	课堂讲授：邀请人工智能专家做科普讲座											
课时分配	均为课堂讲授（32 学时）											
考核方式	课程报告											
主要教材	—											
参考资料	—											

二、教学目的和基本要求

本课程通过对人工智能核心课的科普性介绍，让学生初步了解各人工智能核心方向的历史、基本概念、基本理论与技术，并提供一些前沿的技术展示，以激发学生的学习兴趣。

三、课程的构架和知识点

第一节：人工智能概貌（Overview of AI），2学时

人工智能的发展简史、主要任务、哲学理念与思想方法

A brief history, major tasks, philosophy and ideas of AI

第二节：计算机视觉简介I（Overview of computer vision I），2学时

计算机视觉简史、主要思想方法

A brief history, basic ideas and algorithms of computer vision

第三节：自然语言处理简介I（Overview of natural language processing I），2学时

自然语言处理简史、主要思想方法

A brief history, basic ideas and algorithms of natural language processing

第四节：机器学习简介I（Overview of machine learning I），2学时

机器学习简史、主要思想方法

A brief history, basic ideas and algorithms of machine learning

第五节：多智能体系统简介I（Overview of multi-agent systems I），2学时

多智能体系统简史、主要思想方法

A brief history, basic ideas and algorithms of multi-agent systems

第六节：认知推理简介I（Overview of cognitive reasoning I），2学时

认知推理简史、主要思想方法

A brief history, basic ideas and algorithms of cognitive reasoning

第七节：机器人学简介I（Overview of robotics I），2学时

机器人学简史、主要思想方法

A brief history, basic ideas and algorithms of robotics

第八节：计算机视觉简介Ⅱ（Overview of computer vision Ⅱ），2学时

计算机视觉前沿简介

A brief introduction to some advanced topics of computer vision

第九节：自然语言处理简介Ⅱ（Overview of natural language processing Ⅱ），2学时

自然语言处理前沿简介

A brief introduction to some advanced topics of natural language processing

第十节：机器学习简介Ⅱ（Overview of machine learning Ⅱ），2学时

机器学习前沿简介

A brief introduction to some advanced topics of machine learning

第十一节：多智能体系统简介Ⅱ（Overview of multi-agent systems Ⅱ），2学时

多智能体系统前沿简介

A brief introduction to some advanced topics of multi-agent systems

第十二节：认知推理简介Ⅱ（Overview of cognitive reasoning Ⅱ），2学时

认知推理前沿简介

A brief introduction to some advanced topics of cognitive reasoning

第十三节：机器人学简介Ⅱ（Overview of robotics Ⅱ），2学时

机器人学前沿简介

A brief introduction to some advanced topics of robotics

第十四节：物理世界仿真（Simulation of the physical world），2学时

物理世界仿真技术漫谈

A brief introduction to the techniques of simulating the physical world

第十五节：人工智能大任务平台，对称现实与元宇宙（Big AI task platform, symmetrical reality and metaverse），2学时

北京通用人工智能研究院人工智能大任务平台的开发与使用及对称现实与元宇宙技术简介

A brief introduction to the development and usage of the big AI task platform at Beijing Institute of General Artificial Intelligence, as well as the technology of symmetrical reality and metaverse

第十六节：人工智能与艺术（AI and arts），2学时

人工智能艺术简介与欣赏

A brief introduction to AI arts and appreciation of AI arts

四、课程特色

本课程以科普形式介绍人工智能的核心内容并提供技术展示，既有理性认识又有感性认识，以直截了当的方式激发学生的兴趣。

3.7.5.2 人工智能系统实践（Ⅰ）：基础实践

一、课程基本情况

课程名称	人工智能系统实践（Ⅰ）：基础实践											
	Directed Research in AI Systems（Ⅰ）: Basic Practice											
开课时间	一年级			二年级			三年级			四年级		
	秋	春	暑	秋	春	暑	秋	春	暑	秋	春	暑
适用院系	元培学院、信息科学技术学院、人工智能研究院、智能学院											
课程定位	学院平台课											
学分	2 学分											
总学时	32 学时											
先修课程	高等数学 / 数学分析、线性代数 A / 高等代数											
后续课程	人工智能系统实践（Ⅱ）：进阶实践											
教学方式	课堂讲授、项目实践、项目汇报											
课时分配	课堂讲授（6 学时）+ 项目实践（24 学时）+ 项目汇报（2 学时）											
考核方式	科研导师根据项目完成质量评定成绩											
主要教材	—											
参考资料	—											

二、教学目的和基本要求

1. 使学生了解人工智能的历史、发展趋势、前沿问题，掌握科研训练必备的工具库。

2. 使学生对通用人工智能方向科研有初步认识，并能实现基础编程。

三、课程的构架和知识点

第一节：科研介绍（Introduction to research），6学时

计算机视觉、自然语言处理、机器学习、认知推理、机器人学、多智能体、仿真与交互等多个通用人工智能方向的介绍；课题列表简单介绍

Introduction to multiple directions in general AI such as computer vision, natural language processing, machine learning, cognitive reasoning, robotics, multi-agent, simulation and interaction; A brief introduction to the list of research topics

第二节：科研实践（Research practice），24学时

从每年更新的通用人工智能前沿课题中，选择一个题目，并跟随导师完成一学期的科研训练

Choose one topic from the annually updated cutting-edge topics in general AI and follow a supervisor to complete a semester of research training

第三节：报告（Reports），2学时

课堂汇报

Class report

四、课程特色

本课程让学生就遴选出来的题目，跟随科研导师完成一次科研轮转的训练，研究课题属于领域前沿，跟通用人工智能直接相关。通过实践，学生可以初步掌握研究通用人工智能的基本技能。

3.7.5.3　人工智能系统实践（Ⅱ）：进阶实践

一、课程基本情况

课程名称	人工智能系统实践（Ⅱ）：进阶实践											
	Directed Research in AI Systems （Ⅱ）: Higher-level Practice											
开课时间	一年级			二年级			三年级			四年级		
	秋	春	暑	秋	春	暑	秋	春	暑	秋	春	暑
适用院系	元培学院、信息科学技术学院、人工智能研究院、智能学院											
课程定位	学院平台课											
学分	2 学分											
总学时	32 学时											

续表

先修课程	人工智能系统实践（Ⅰ）：基础实践
后续课程	人工智能系统实践（Ⅲ）：高级实践
教学方式	课堂讲授、项目实践、项目汇报
课时分配	课堂讲授（2 学时）+ 项目实践（28 学时）+ 项目汇报（2 学时）
考核方式	科研导师根据项目完成质量评定成绩
主要教材	—
参考资料	—

二、教学目的和基本要求

1. 让学生深入研究1～2个通用人工智能的研究领域，分析并定义问题与场景。

2. 让学生经历数学建模的过程，深入理解核心算法，并进行实践体验。

三、课程的构架和知识点

第一节：科研介绍（Introduction to research），2学时

课题列表简单介绍

A brief introduction to the list of research topics

第二节：科研实践（Research practice），28学时

从每年更新的通用人工智能前沿课题中，选择一个题目，并跟随科研导师完成一学期的科研训练

Choose one topic from the annually updated cutting-edge topics in general AI and follow a supervisor to complete a semester of research training

第三节：报告（Reports），2学时

课堂汇报

Class report

四、课程特色

本课程让学生就遴选出来的题目，跟随科研导师完成一次科研轮转的训练，研究课题属于领域前沿，跟通用人工智能直接相关。通过实践，学生可以熟练掌握研究通用人工智能的基本技能。

3.7.5.4 人工智能系统实践（Ⅲ）：高级实践

一、课程基本情况

<table>
<tr><td rowspan="2">课程名称</td><td colspan="12">人工智能系统实践（Ⅲ）：高级实践</td></tr>
<tr><td colspan="12">Directed Research in AI Systems （Ⅲ）: Advanced Practice</td></tr>
<tr><td rowspan="2">开课时间</td><td colspan="3">一年级</td><td colspan="3">二年级</td><td colspan="3">三年级</td><td colspan="3">四年级</td></tr>
<tr><td>秋</td><td>春</td><td>暑</td><td>秋</td><td>春</td><td>暑</td><td>秋</td><td>春</td><td>暑</td><td>秋</td><td>春</td><td>暑</td></tr>
<tr><td>适用院系</td><td colspan="12">元培学院、信息科学技术学院、人工智能研究院、智能学院</td></tr>
</table>

续表

课程定位	学院平台课
学分	2 学分
总学时	32 学时
先修课程	人工智能系统实践（Ⅱ）：进阶实践
后续课程	—
教学方式	课堂讲授、项目实践、项目汇报
课时分配	课堂讲授（2 学时）+ 项目实践（28 学时）+ 项目汇报（2 学分）
考核方式	科研导师根据项目完成质量评定成绩
主要教材	—
参考资料	开源软件

二、教学目的和基本要求

本课程让学生针对1～2个通用人工智能的研究领域，自主提出具体的研究问题，进行文献对比、数学建模，设计实验，尝试解决该问题，以实现自主开展研究，并撰写符合规范的学术论文。

三、课程的构架和知识点

第一节：科研介绍（Introduction to research），2学时

课题列表简单介绍

A brief introduction to the list of research topics

第二节：科研实践（Research practice），28学时

从每年更新的通用人工智能前沿课题中，选择一个题目，并跟随科研导师完成一学期的科研训练

Choose one topic from the annually updated cutting-edge topics in general AI and follow a supervisor to complete a semester of research training

第三节：报告（Reports），2学时

课堂汇报

Class report

四、课程特色

本课程让学生就遴选出来的题目，跟随科研导师完成一次科研轮转的训练。研究课题属于领域前沿，跟通用人工智能直接相关。通过实践，学生可以初步独立进行通用人工智能方面的研究。

3.7.6 人工智能高级选修课程①

3.7.6.1 人工智基础系列课程

3.7.6.1.1 人工智能概论

一、课程基本情况

课程名称	人工智能概论											
	Introduction to AI											
开课时间	一年级			二年级			三年级			四年级		
	秋	春	暑	秋	春	暑	秋	春	暑	秋	春	暑
适用院系	元培学院、信息科学技术学院、人工智能研究院、智能学院											
课程定位	学院平台课											
学分	3 学分											
总学时	48 学时											
先修课程	无											
后续课程	—											
教学方式	课堂讲授											
课时分配	均为课堂讲授（48 学时）											
考核方式	课堂报告占 30%，期中论文占 30%，期末论文占 40%											
主要教材	—											
参考资料	教师指定的论文											

二、教学目的和基本要求

本课程基本内容是介绍12位获得Turing（图灵）奖的人工智能学者的主要思想和对人工智能发展的贡献，使学生了解人工智能领域的一些重要概念、理论和思想；同时用历史发展的眼光来看待各种思潮的兴衰流变，结合特定时期的硬件发展水平和其他学科的发展状况，横向查看思想和方法在不同学科之间的借鉴与融合，并从中获得启发，为以后的学习、研究和应用打好基础。

三、课程的构架和知识点

第一节：马文·明斯基（Marvin Lee Minsky, 1969年获Turing奖），4学时

知识表示，框架理论。代表作：《计算：有限与无限的机器》《感知机》《表示知识的框架》《心智社会》《机器人学》《情感机器：常识思考、人工智能与人类心智的未来》。“大脑无非是肉做的机器而已。”

Knowledge representation, framework theory. Masterpieces: *Computation: Finite and Infinite Machines*; *Perceptrons*; *A Framework for Representing Knowledge*; *The Society of Mind*; *Robotics*; *The Emotion Machine*: *Commonsense Thinking, Artificial Intelligence, and the*

① 本小节所列的课程是人工智能交叉方向研究生和智能科学与技术专业研究生的部分必修课和选修课（部分为规划课程，将逐步开设），其开课时间按研究生年级设置，这些课程也对人工智能专业高年级本科生开放，供他们选修。

Future of the Human Mind. "The brain happens to be a meat machine."

第二节：约翰·麦卡锡（John McCarthy, 1971年获Turing奖），4学时

α-β剪枝，Lisp语言。代表作：《自动机研究》《信息学：科学美国人之书》《形式化常识：麦卡锡论文选集》

α-β pruning, Lisp language. Masterpieces: *Automata Research*; *Information*: *A Scientific American Book; Formalizing Common Sense*: *A Collection of McCarthy's Essays*

第三节：艾伦·纽厄尔（Allen Newell, 1975年获Turing奖），4学时

信息处理语言，逻辑理论家，通用问题求解器

Information processing language （IPL）, logic theorist, general problem solver

第四节：赫伯特·亚历山大·西蒙（Herbert Alexander Simon, 1975年获Turing奖），4学时

语义网络，符号主义。BACON系统发现程序。"科学发现只是一种特殊类型的问题求解，因此也可以用计算机程序实现。"代表作：《理性抉择的行为模型》《理性抉择与环境结构》《组织》《经济学与行为科学中的决策理论》《管理决策新科学》《求解难题过程中的事物搜索》《论如何决定做什么》《思维模型》《有限理性模型》《我的生活模型》《人工智能科学》

Semantic network, symbolism. The BACON system discovery program. "Scientific discovery is only a special type of problem solving, so it can also be realized by computer programs." Masterpieces: *A Behavioral Model of Rational Choice*; *Rational Choice and Environmental Structure*; *Organization*; *Theories of Decision-Making in Economics and Behavioral Science*; *The New Science of Management Decision*; *The Search for Things in The Process of Solving a Problem*; *On How to Decide What to Do*; *Mind Model*; *The Bounded Rational Model*; *My Life Model*; *Artificial Intelligence Science*

第五节：爱德华·费根鲍姆（Edward Feigenbaum, 1994年获Turing奖），4学时

爱德华·费根鲍姆的主要工作

The work of Edward Feigenbaum

第六节：拉吉·瑞迪（Raj Reddy, 1994年获Turing奖），4学时

自动驾驶项目：Navlab

Autonomous driving project: Navlab

第七节：曼纽尔·布卢姆（Manuel Blum, 1995年获Turing奖），4学时

计算复杂度理论，密码系统和程序检验，CAPTCHA项目

Computational complexity theory, cryptography system and program verification, the CAPTCHA project

第八节：莱斯利·瓦利安特（Leslie Valiant，2010年获Turing奖），4学时
PAC学习
PAC Learning
第九节：朱迪亚·珀尔（Judea Pearl，2011年获Turing奖），4学时
贝叶斯网络；代表作：《为什么：新的因果关系的科学》
Bayesian network; Masterpieces: *The Book of Why: The New Science of Cause and Effect*
第十节：约舒亚·本希奥（Yoshua Bengio, 2018年获Turing奖），4学时
序列的概率模型，高维词汇嵌入和关注，生成性对抗网络
Sequence probabilistic models, high-dimensional vocabulary embedding and attention, generative adversarial networks （GAN）
第十一节：杰弗里·辛顿（Geoffrey Hinton, 2018年获Turing奖），4学时
反向传播算法，Boltzmann机，卷积神经网络的改进
Back propagation, Boltzmann machine, improvement of convolutional neural networks
第十二节：扬·乐昆（Yann LeCun, 2018年获Turing奖），4学时
卷积神经网络，改进反向传播算法
Convolutional neural networks, improvement of back propagation algorithm

四、课程特色

本课程以人工智能领域Turing奖获得者的贡献为线索，介绍人工智能发展史中一些闪光的思想，各种模型的起源、关键思路、产生的工具或影响，目前人工智能研究中一些有意思的思路；以读经典文章为主，重点讨论各种思想的演化过程。

3.7.6.1.2 人工智能中的数学与概率统计

一、课程基本情况

课程名称	人工智能中的数学与概率统计											
	The Mathematics, Probability and Statistics in AI											
开课时间	一年级			二年级			三年级			四年级		
	秋	春	暑	秋	春	暑	秋	春	暑	秋	春	暑
适用院系	元培学院、信息科学技术学院、人工智能研究院、智能学院											
课程定位	学院平台课											
学分	3 学分											
总学时	48 学时											
先修课程	高等数学 / 数学分析、线性代数 A / 高等代数、概率论											
后续课程	—											
教学方式	课堂讲授											
课时分配	均为课堂讲授（48 学时）											

续表

考核方式	出勤占20%，平时作业占20%，期末报告占60%
主要教材	教师自编讲义
参考资料	1. Avrim Blum, John Hopcroft, Ravindran Kannan, Foundations of Data Science, Cambridge University Press 2. Marc Peter Deisenroth, A. Aldo Faisal, Cheng Soon Ong, Mathematics for Machine Learning, Cambridge University Press

二、教学目的和基本要求

本课程旨在有针对性地传授人工智能中常用的数学工具，并利用适当的实例讲解如何在人工智能领域中应用这些数学工具，切实打好学生的数学基础。

三、课程的构架和知识点

第一节：高级矩阵论（Advanced matrix theory），12学时

矩阵、向量范数，矩阵、向量导数，奇异值分解，主成分分析，快速矩阵计算，矩阵分解及其应用，压缩感知与稀疏表示，张量分解

Matrix/vector norms, matrix/vector derivatives, singular value decomposition（SVD）, principal component analysis（PCA）, fast matrix computations, matrix factorization and its applications, compressed sensing and sparse coding, tensor decomposition

第二节：图论（Graph theory），4学时

谱图理论，图上的随机游走

Spectral graph theory, random walks on graphs

第三节：高级数学分析（Advanced mathematical analysis），14学时

泛函分析基础（Hilbert空间，核方法，不动点定理），偏微分方程基础，变分法，最优控制，微分流形基础，随机微积分，随机微分方程

Elements of functional analysis（Hilbert space, kernel methods, fixed-point theorem）, elements of partial differential equations, calculus of variations, optimal control, basics of differential manifold, stochastic calculus, stochastic differential equation

第四节：高级概率论（Advanced probability），4学时

随机过程基础，测度集中不等式

Basics of stochastic process, concentration of measure inequalities

第五节：凸分析与凸优化（Convex analysis and convex optimization），10学时

基本凸分析，基本凸优化方法

Elements of convex analysis, elements of convex optimization

第六节：最优传输（Optimal transport），4学时

基础最优传输理论与算法

Basics of optimal transport theories and algorithms

四、课程特色

本课程较为全面地介绍人工智能中的常用数学工具。由于时间所限，对各门数学分支学科仅讲解可应用的部分，不过分深入展开，也不讲究严格的数学证明，而代以较为直观的说明和推导。

3.7.6.1.3 统计建模与计算

一、课程基本情况

<table>
<tr><td rowspan="2">课程名称</td><td colspan="12">统计建模与计算</td></tr>
<tr><td colspan="12">Statistical Modeling and Computation</td></tr>
<tr><td rowspan="2">开课时间</td><td colspan="3">一年级</td><td colspan="3">二年级</td><td colspan="3">三年级</td><td colspan="3">四年级</td></tr>
<tr><td>秋</td><td>春</td><td>暑</td><td>秋</td><td>春</td><td>暑</td><td>秋</td><td>春</td><td>暑</td><td>秋</td><td>春</td><td>暑</td></tr>
<tr><td>适用院系</td><td colspan="12">元培学院、信息科学技术学院、人工智能研究院、智能学院</td></tr>
<tr><td>课程定位</td><td colspan="12">学院平台课</td></tr>
<tr><td>学分</td><td colspan="12">3 学分</td></tr>
<tr><td>总学时</td><td colspan="12">48 学时</td></tr>
<tr><td>先修课程</td><td colspan="12">数据结构和算法、高等数学 / 数学分析、线性代数 A / 高等代数</td></tr>
<tr><td>后续课程</td><td colspan="12">—</td></tr>
<tr><td>教学方式</td><td colspan="12">课堂讲授、课程项目汇报</td></tr>
<tr><td>课时分配</td><td colspan="12">课堂讲授（28 学时）+ 课程项目汇报（20 学时）</td></tr>
<tr><td>考核方式</td><td colspan="12">平时作业占 20%，论文研读汇报占 30%，课程项目汇报占 50%</td></tr>
<tr><td>主要教材</td><td colspan="12">1. Adrian Barbu, Song-Chun Zhu, Monte Carlo Methods, Springer
2. Michael T. Heath, Scientific Computing: An Introductory Survey （2nd Edition）, The McGraw-Hill Companies, Inc.
3. Stephen Boyd, Lieven Vandenberghe, Convex Optimization, Cambridge University Press</td></tr>
<tr><td>参考资料</td><td colspan="12">—</td></tr>
</table>

二、教学目的和基本要求

1. 使学生掌握Monte-Carlo方法在统计模型计算中的应用。
2. 使学生理解优化方法并在具体问题（如解非线性方程）中深入体会。
3. 通过大量编程练习巩固和加深学生对各种数学工具与算法的理解。

三、课程的构架和知识点

第一节：导引（Introduction），2学时

优化计算方法简介

Introduction to optimization

第二节：Monte-Carlo方法（Monte-Carlo methods），6学时

Monte-Carlo方法的介绍及应用（采样，模拟，优化，推理，学习，可视化），序列数据的Monte-Carlo采样方法（重要性采样，序列重要性采样），Monte-Carlo树搜索

Introduction and applications of Monte-Carlo methods (sampling, simulation, optimization, inference, learning, visualization), Monte-Carlo sampling （importance sampling, sequential importance sampling ） for sequence data, Monte-Carlo tree search

第三节：Markov链Monte-Carlo方法（Markov-Chain Monte-Carlo （MCMC） methods），10学时

方法介绍（基础知识，收敛性度量，遍历定理，模拟退火优化），Metroplis-Hasting算法，Gibbs采样，聚类采样，收敛性分析，数据驱动的Markov链Monto-Carlo方法，Hamilton和Langevin Monte-Carlo方法

Method introduction （basics, convergence measures, ergodicity theorem, optimization by simulated annealing）, Metroplis-Hasting algorithms, Gibbs sampling, cluster sampling, convergence analysis, data-driven MCMC, Hamilton and Langevin Monte-Carlo methods

第四节：优化算法（Optimization algorithms），10学时

优化问题的介绍及应用（求解非线性方程）；常见优化算法：二分法，不动点迭代、一阶方法（梯度下降），二阶方法（Newton法），Levenberg-Marquardt方法，割线法，线搜索，共轭梯度法，Gauss-Newton法，L-BFGS，动量法

Introduction and applications of optimization problems （solving nonlinear equation）; Common optimization algorithms: Dichotomy, fixed point iteration, first-order methods （gradient descent）, second-order methods （Newton methods）, Levenberg-Marquardt algorithms, secant methods, line search, conjugate gradient methods, Gauss-Newton methods, L-BFGS, momentum methods

四、课程特色

本课程涵盖基于Monte-Carlo方法的各类计算方法和优化算法，所选取内容以统计模型的计算为主体，补充了一般模型优化的相关知识；重点培养学生对基础优化算法的推导、计算与应用实践能力。

3.7.6.1.4　智能的认知架构

一、课程基本情况

课程名称	智能的认知架构											
	Intelligent Cognitive Architecture											
开课时间	一年级			二年级			三年级			四年级		
	秋	春	暑	秋	春	暑	秋	春	暑	秋	春	暑
适用院系	元培学院、信息科学技术学院、人工智能研究院、智能学院											
课程定位	学院平台课											
学分	3 学分											
总学时	48 学时											
先修课程	概率论											
后续课程	—											
教学方式	课堂讲授、论文研读汇报、课程项目汇报											

续表

课时分配	课堂讲授（24 学时）+ 论文研读汇报（14 学时）+ 课程项目汇报（10 学时）
考核方式	平时作业占 20%，论文研读汇报占 30%，课程项目汇报占 50%
主要教材	Michael Tomasello, Becoming Human: A Theory of Ontogeny, Belknap Press
参考资料	1. Michael Tomasello, Carol Dweck, Joan Silk, et al., Why We Cooperate, The MIT Press 2. Michael Tomasello, Origins of Human Communication, A Bradford Books, The MIT Press 3. Ludwig Wittgenstein, The Big Typescript: TS 213（German-English Scholars' Edition）, Wiley-Blackwell

二、教学目的和基本要求

1. 使学生接触社会和人文学科的研究方法和主题。

2. 使学生从人类学和语言学的角度理解人工智能的终极目标。

3. 培养学生基本的哲学、辩证与推演思维。

三、课程的构架和知识点

第一节：是什么使我们成为人类？（What makes us human?）4学时

灵长类意图交流，人际合作交流

Primate intentional communication, human cooperative communication

第二节：交流（Communication），4学时

个体起源，从猿猴手势到人类语言

Ontogenetic origins, from ape gestures to human language

第三节：为何合作？（Why do we cooperate?），4学时

为帮助而生，从社会互动到社会机构，生物学与文化相遇的地方

Born to help, from social interaction to social institutions, where biology and culture meet

第四节：独特的人类社交（Unique human sociality），4学时

合作，亲社会性，社会规范，道德认同

Collaboration, prosociality, social norms, moral identity

第五节：语用学（Pragmatics），4学时

合作原则，关联理论与言语行为本体，共同点，共同的合作活动和意图

Cooperative principles, relevance theory and ontogeny of speech acts, common ground, shared cooperative activities and shared intentionality

第六节：社交互动（Social interactions），4学时

早期尝试，空间安排和F形成，转弯，顺序组织和讲故事，推荐，选词，权利，认识，修理，合作，亲社会性和社会操纵

Early attempts, spatial arrangements and F-formation, turn-taking, sequence organization and storytelling, referring, word selection, entitlement, epistemic, repair, cooperation, prosociality and social manipulation

四、课程特色

本课程重点培养学生具体从社会科学角度分析、理解问题的能力，为将来从事相关的研究做准备，同时培养学生的兴趣，鼓励他们深入思考。

3.7.6.2 计算机视觉系列课程

3.7.6.2.1 计算机视觉（Ⅰ）：早期与中层视觉

一、课程基本情况

课程名称	计算机视觉（Ⅰ）：早期与中层视觉											
	Computer Vision （Ⅰ）: Early and Mid-level Computer Vision											
开课时间	一年级			二年级			三年级			四年级		
	秋	春	暑	秋	春	暑	秋	春	暑	秋	春	暑
适用院系	元培学院、信息科学技术学院、人工智能研究院、智能学院											
课程定位	学院平台课											
学分	3 学分											
总学时	48 学时											
先修课程	线性代数 A，概率统计 A，数据结构与算法 A 等											
后续课程	计算机视觉（Ⅱ）：高层视觉											
教学方式	课堂讲授											
课时分配	均为课堂讲授（48 学时）											
考核方式	论文研读汇报占 40%，课程项目汇报占 60%											
主要教材	Song-Chun Zhu, Yingnian Wu, Computer Vision: Statistical Models for Marr's Paradigm, Springer											
参考资料	Song-Chun Zhu, Siyuan Huang, Computer Vision: Stochastic Grammars for Parsing Objects, Scenes, and Events, Springer											

二、教学目的和基本要求

本课程将以图像的物理形成过程和相机获取数字图像的原理为支撑，介绍底层、中层计算机视觉中的基本问题、常用模型和经典理论，以及传统优化方法、信号处理方法在底层、中层计算机视觉问题中的解决方案。结合近些年深度学习技术发展带来的相关问题的全新进展，介绍深度学习和底层、中层计算机视觉问题的结合与应用。

本课程旨在使学生对计算机视觉原理形成系统的认识，培养学生结合传统和流行方法在实践中解决视觉计算问题的能力。作业和考核方面涉及经典问题编程实践、前沿文献调研总结、前沿论文讲解复现三个环节。通过本课程的教学，让学生了解计算机视觉的发展和应用，掌握学科基础知识和经典算法；培养学生分析、解决相关问题的能力，为后续从事相关工作或学术研究奠定基础。

三、课程的构架和知识点

第一节：概论（Introduction），3学时

视觉的目的，看：作为Bayes推理，知识表示，统计模型简介

Goals of vision, seeing as Bayes inference, knowledge representation, a brief introduction to statistical models

第二节：自然图像统计量（Statistics of natural images），6学时

图像空间与分布，信息与编码，图像的统计量与幂律，峰态与稀疏，尺度不变性

Image space and distribution, information and encoding, image statistics and power law, kurtosis and sparsity, scale invariance

第三节：纹理（Textures），9学时

Julesz之问，Markov随机场与基于团的Gibbs模型，初级视觉皮层的滤波器，FRAME模型，纹理集合，Markov随机场与FRAME模型的偏微分方程推导

The Julesz quest, MRF & clique-based Gibbs models, filters for early vision, the FRAME model, the texture ensemble, deriving partial differential equations from the MRF and the FRAME models

第四节：纹理基元（Textons），3学时

纹理与纹理基元，调和分析中的产生式模型，稀疏编码，稀疏FRAME模型，组合稀疏编码，自下而上的滤波器与自上而下的基元方程

Textures and textons, generative models in harmonic analysis, sparse coding, the sparse FRAME model, compositional sparse coding, bottom-up filters and top-down basis equation

第五节：格式塔准则与知觉组织（Gestalt laws and perceptual organization），3学时

格式塔准则与知觉组织，格式塔准则中的纹理基元过程

Gestalt laws and perceptual organization, texton process embedding gestalt laws

第六节：初始简图（Primal sketch），6学时

Marr的初始简图猜想，两层模型，混合图像模板，初始简图与HOG和SIFT特征之间的关系

Marr’s conjecture on primal sketch, the two layer model, hybrid image templates, relations between primal sketch and the HOG / SIFT representations

第七节：2.1D简图与分层表示（2.1D sketch and layered representation），3学时

问题的形式化，Nitzberg和Mumford基于变分模型的形式化，基于混合Markov随机场的形式化，分层区域与曲线的2.1D简图

Problem formulation, the variational formulation by Nitzberg and Mumford, the mixed MRF formulation, the 2.1D sketch with layered regions and curves

第八节：2.5D简图与深度图（2.5D sketch and depth maps），3学时

Marr的定义，从初始简图得到2.5D简图，从直接估计中得到2.5D简图

Marr’s definition, 2.5D sketch from primal sketch, 2.5D sketch from direct estimation

第九节：信息投影学习范式（Learning by information projection），3学时

信息投影，不同类统计模型的统一

Information projection, a unified view of different statistical models

第十节：信息的尺度变换与不同类型的统计模型（Information scaling and different regimes of statistical models），3学时

图像的尺度变换，感知熵，连续谱，两种编码范式，感知尺度空间，可感知性，变换稳定性，能量场地势

Image scaling, perceptual entropy, a continuous spectrum, two coding schemes, perceptual scale space, perceptibility, metastability, the energy landscape

第十一节：深度网络表达的图像模型（Image models with deep neural networks），6学时

深度FRAME模型，产生式深度神经网络，基于深度FRAME模型的随机对抗防御

Deep FRAME models, generative deep neural networks, stochastic adversarial defense using deep FRAME models

四、课程特色

本课程重视计算机视觉的基本原理，并通过多个环节的训练，使学生了解计算机视觉的发展和应用，掌握计算机视觉的基础知识和经典算法；培养学生分析、解决相关问题的能力，为后续从事相关工作或学术研究奠定基础。

3.7.6.2.2　计算机视觉（Ⅱ）：高层视觉

一、课程基本情况

课程名称	计算机视觉（Ⅱ）：高层视觉											
	Computer Vision （Ⅱ）: High-level Computer Vision											
开课时间	一年级			二年级			三年级			四年级		
	秋	春	暑	秋	春	暑	秋	春	暑	秋	春	暑
适用院系	元培学院、信息科学技术学院、人工智能研究院、智能学院											
课程定位	学院平台课											
学分	3 学分											
总学时	48 学时											
先修课程	线性代数 A、概率统计 A、计算机视觉（Ⅰ）：早期与中层视觉											
后续课程	—											
教学方式	课堂讲授、课堂报告											
课时分配	课堂讲授（42 学时）+ 课堂报告（6 学时）											
考核方式	平时作业占 50%，课堂报告占 50%											
主要教材	Song-Chun Zhu, Siyuan Huang, Computer Vision: Stochastic Grammars for Parsing Objects, Scenes, and Events, Springer											
参考资料	Song-Chun Zhu, Yingnian Wu, Computer Vision: Statistical Models for Marr’s Paradigm, Springer											

二、教学目的和基本要求

1. 使学生掌握计算机视觉领域中高级视觉的基本原理和分析方法。

2. 介绍相关领域内的最新研究进展。

3. 培养学生的独立思考能力、科学思维和求知创新精神。

三、课程的构架和知识点

第一节：概论（Introduction），3学时

图像中物体、场景与事件的联合解译；模型、算法和属性的统一表示；数据驱动方法中缺失的主题；中熵域中的组合模式

Vision as joint parsing of objects, scenes and events; Unified representation for models, algorithms and attributes; Missing themes in popular data-driven approaches; Compositional patterns in the middle entropy regime

第二节：随机语法介绍（Introduction to stochastic grammar），3学时

语法作为智能的通用表示，对语法的经验主义观点，语法的形式化体系，语法的数学结构，在上下文中的随机语法

Grammar as a universal representation of intelligence, an empiricist's view of grammars, the formalism of grammars, the mathematical structure of grammars, stochastic grammar with context

第三节：空间与或图（Spatial and-or graphs），3学时

图像语法的三个新问题，视觉词汇，关系与配置，物体与场景的解译图，与或图知识表示

Three new issues in image grammars in contrast to language, visual vocabulary, relations and configurations, parse graphs for objects and scenes, knowledge representation with and-or graphs

第四节：与或图的学习（Learning the and-or graphs），3学时

与或图参数学习；结构学习：块追踪与图压缩

Learning parameters in and-or graph; Learning structure: Block pursuit and graph compression

第五节：基于与或图的图像解译算法（Parsing algorithms for inference in and-or graphs），3学时

经典搜索和解译算法，物体结构解译

Classic search and parsing algorithms, scheduling top-down and bottom-up processes for object parsing

第六节：属性与或图（Attributed and-or graphs），3学时

属性语法介绍，属性图语法模型

Introduction to attribute grammars, attributed graph grammar models

第七节：时间与或图（Temporal and-or graphs，T-AOG），3学时

动作基元模型，基于时间与或图的事件表示，事件语法解译方法，时间与或图的学习

Atomic action models, event representation by T-AOG, parsing with event grammars, learning the T-AOG

第八节：流与因果与或图（Fluent and causal and-or graph），3学时

感知因果与流，视觉与因果，感知因果关系，因果与或图

Perceptual causality and fluent, vision and causality, perceptual causal relations, the causal and-or graph

第九节：联合解译（Joint parsing），6学时

Holistic++三维场景理解，从以视角为中心的解译到以场景为中心的解译，视频与文本联合解译，基于联合解译图的问题解答

Holistic++ 3D scene understanding, from view centered parsing to scene centered parsing, joint video and text parsing, query answering from joint parse graphs

第十节：常识推理概述（Overview of commonsense reasoning），3学时

常识推理的认知模型结构

Cognitive model structure of commonsense reasoning

第十一节：物理常识（Physical commonsense），3学时

Newton物理常识，物理仿真，稳定性，物理推理

Newton’s physics commonsense, physical simulation, stability, physical reasoning

第十二节：社会学常识（Social commonsense），3学时

社会感知，群体行为，人类交流

Social perception, group behavior, human communication

第十三节：认知模型（Cognitive models），3学时

意图、价值、因果中的常识

Commonsense in intention, value, cause-and-effect

四、课程特色

本课程重视计算机视觉中的高层视觉，解译物体、场景与事件，并将与或图理论引入计算机视觉中，帮助学生以新颖的角度加深对计算机视觉的理解。

3.7.6.2.3 计算机视觉（Ⅲ）：三维视觉

一、课程基本情况

课程名称	计算机视觉（Ⅲ）：三维视觉											
	Computer Vision （Ⅲ）: 3D Computer Vision											
开课时间	一年级			二年级			三年级			四年级		
	秋	春	暑	秋	春	暑	秋	春	暑	秋	春	暑
适用院系	元培学院、信息科学技术学院、人工智能研究院、智能学院											
课程定位	学院平台课											
学分	3 学分											
总学时	48 学时											
先修课程	数字图像处理、计算机图形学、几何学、数据结构和算法											
后续课程	—											
教学方式	课堂讲授、课程项目汇报											
课时分配	课堂讲授（45 学时）+ 课程项目汇报（3 学时）											
考核方式	平时作业占 50%，课程项目汇报占 50%											
主要教材	1. David Forsyth, Jean Ponce, Computer Vision: A Modern Approach（2nd Edition）, Pearson 2. Richard Hartley, Andrew Zisserman, Multiple View Geometry in Computer Vision （2nd Edition）, Cambridge University Press 3. Yi Ma, Stefano Soatto, Jana Košecká, et al., An Invitation to 3-D Vision from Images to Geometrical Models, Springer											
参考资料	Song-Chun Zhu, Yingnian Wu, Computer Vision: Statistical Models for Marr's Paradigm, Springer											

二、教学目的和基本要求

1. 使学生理解三维视觉计算的基本原理。
2. 使学生掌握几何建模的重要技术和基本算法。
3. 使学生了解三维数字化技术及其应用。

三、课程的构架和知识点

第一节：三维视觉的认知基础（Cognitive basis of 3D vision），3学时

三维数据的表示方法，被动视觉和主动视觉

Representation of 3D data, passive vision and active vision

第二节：相机模型和单目几何（Camera models and single view geometry），6学时

有限相机，仿射相机，其他相机模型，相机矩阵，相机预测，相机标定，消失点，消失线

Finite cameras, projective cameras, other camera models, camera matrices, camera prediction, camera calibration, vanishing points, vanishing lines

第三节：三维视觉信息的获取（Acquisition of 3D visual information），6学时

从明暗恢复形状，对极几何，基本矩阵，基本矩阵的计算，立体视觉，基于光投影的深度扫描，基于学习的深度估计

Shape from shading, epipolar geometry, fundamental matrices, fundamental matrix calculation, stereo, depth scanning based on light projection, learning-based depth estimation

第四节：三维重建与场景建模（3D reconstruction and scene modeling），6学时

特征匹配，RANSAC算法，三维视点的运动恢复，三维数据配准，基于几何的三维重建，基于学习的三维重建

Feature matching, RANSAC algorithms, motion restoration of 3D viewpoint, 3D registration, geometry-based 3D reconstruction, learning-based 3D reconstruction

第五节：三维模型的表示（Representation of 3D models），6学时

表面曲率特征，曲面表示，三角形网格生成，三维渲染，通过生成的分析

Surface curvature characteristics, surface representation, triangle mesh generation, 3D rendering, analysis-by-synthesis

第六节：三维对象的运动跟踪（Motion tracking of 3D objects），6学时

光流计算，运动跟踪

Optical flow estimation, tracking

第七节：传感器即时定位与地图构建（Simultaneous localization and mapping），6学时

从运动恢复结构，光束平差法，SLAM

Structure from motion, bundle adjustment, SLAM

第八节：三维场景理解与知识获取（3D scene understanding and knowledge acquisition），6学时

三维场景的分割与语义抽取，三维对象识别，三维场景的图表示

Segmentation and semantic extraction of 3D scene, 3D object recognition, graph representation of 3D scene

四、课程特色

本课程以三维计算机视觉作为主要教学内容，帮助学生进一步开拓对计算机视觉研究的视野，掌握三维计算机视觉的前沿算法。

3.7.6.3　机器学习系列课程

3.7.6.3.1　机器学习 A

一、课程基本情况

<table>
<tr><td rowspan="2">课程名称</td><td colspan="12">机器学习 A</td></tr>
<tr><td colspan="12">Machine Learning A</td></tr>
<tr><td rowspan="2">开课时间</td><td colspan="3">一年级</td><td colspan="3">二年级</td><td colspan="3">三年级</td><td colspan="3">四年级</td></tr>
<tr><td>秋</td><td>春</td><td>暑</td><td>秋</td><td>春</td><td>暑</td><td>秋</td><td>春</td><td>暑</td><td>秋</td><td>春</td><td>暑</td></tr>
<tr><td>适用院系</td><td colspan="12">元培学院、信息科学技术学院、人工智能研究院、智能学院</td></tr>
<tr><td>课程定位</td><td colspan="12">学院平台课</td></tr>
<tr><td>学分</td><td colspan="12">3 学分</td></tr>
</table>

续表

总学时	48 学时
先修课程	微积分、线性代数 A、概率论、程序设计
后续课程	机器学习理论
教学方式	课堂讲授
课时分配	均为课堂讲授（48 学时）
考核方式	平时作业占 60%，课程大作业占 40%
主要教材	1. Kevin P. Murphy, Machine Learning: A Probabilistic Perspective, The MIT Press 2. Bradley Efron, Trevor Hastie, Computer Age Statistical Inference: Algorithms, Evidence, and Science（Student Edition）, Cambridge University Press
参考资料	—

二、教学目的和基本要求

本课程给学生提供一个关于机器学习的较为系统、基础、前沿性的介绍，主要包含三部分：基础背景知识、机器学习经典方法、机器学习高级主题；为学生提供频率学派、生成性、描述性以及贝叶斯学派等不同视角的机器学习。通过本课程，学生学会如何实现或应用机器学习方法和模型，并能掌握机器学习方法所蕴含的数学与统计原理，进而培养学生的统计与计算思维能力。

三、课程的构架和知识点

第一节：预备知识（Preliminaries），3学时

概率、数值线性代数、数值优化的基础知识

Elements of probability, numerical linear algebra and numerical optimization

第二节：无监督学习（Unsupervised learning），3学时

聚类和降维方法

Clustering and dimensionality reduction methods

第三节：线性分类（Linear classification），3学时

线性与广义线性模型

Linear and generalized linear models

第四节：非线性方法（Nonlinear methods），9学时

核方法，自适应提升，决策树，随机森林，神经网络

Kernel methods, boosting, decision trees, random forests, neural networks

第五节：理论与分析（Theory and analysis），6学时

模型选择与验证，模型复杂度与过拟合，正则化与稳定性

Model selection and validation, model complexity and overfitting, regularization and stability

第六节：概率生成模型（Probabilistic generative models），9学时

生成模型，稀疏编码，变分自编码器，潜在数据模型，EM算法，扩散模型

Generative models, sparse coding, VAE, latent data models, EM algorithms, diffusion models

第七节：描述性模型（Descriptive models），3学时

Gibbs模型，Markov随机场，最大熵模型

Gibbs models, MRF, maximum entropy models

第八节：Bayes模型与计算（Bayesian models and computation），6学时

Gauss过程，变分推理，Markov链Monte-Carlo方法

Gaussian processes, variational inference, MCMC

第九节：因果推理（Causal inference），6学时

随机实验，潜在效应模型，因果效应图表示，混杂因子

Randomized experiments, random effect models, graphical representation of causal effects, confounding

四、课程特色

本课程集系统性、基础性与前沿性于一体，融合统计、计算与机器学习相关知识。

3.7.6.3.2　深度与强化学习

一、课程基本情况

课程名称	深度与强化学习 Deep Learning and Reinforcement Learning											
开课时间	一年级			二年级			三年级			四年级		
	秋	春	暑	秋	春	暑	秋	春	暑	秋	春	暑
适用院系	元培学院、信息科学技术学院、人工智能研究院、智能学院											
课程定位	学院平台课											
学分	3 学分											
总学时	48 学时											
先修课程	高等数学 / 数学分析、概率统计 A、机器学习											
后续课程	计算机视觉、机器人学											
教学方式	课堂讲授											
课时分配	均为课堂讲授（深度学习：30 学时；强化学习：18 学时）											
考核方式	课程项目汇报占 70%，课程报告占 30%											
主要教材	1. Ian Goodfellow, Yoshua Bengio, Aaron Courville, Deep Learning, The MIT Press 2. Richard S. Sutton, Andrew G. Barto, Reinforcement Learning: An Introduction（2nd Edition）, The MIT Press											
参考资料	张宪超，深度学习（上、下），科学出版社											

二、教学目的和基本要求

1. 使学生掌握深度与强化学习的基础知识、基本算法及基本理论。

2. 使学生能推演基本理论，并能实现面向特定任务的深度与强化学习程序。

三、课程的构架和知识点

第一节：深度学习介绍（Introduction to deep learning），3学时

神经网络结构，激活函数，损失函数

Neural network structure, activation functions, loss functions

第二节：神经网络优化（Optimization for deep neural networks），6学时

梯度下降，反向传播，正则，初始化，批归一化

Gradient descent, back propagation, regularization, initialization, batch normalization

第三节：卷积神经网络（Convolutional neural networks），6学时

卷积，池化，跳接

Convolution, pooling, skip connection

第四节：循环神经网络（Recurrent neural networks），6学时

循环神经网络，长短时记忆网络，门控循环单元

Recurrent neural networks （RNN）, long short-term memory （LSTM） networks, gated recurrent units （GRU）

第五节：生成模型（Generative models），6学时

生成对抗网络，深度FRAME模型

Generative adversarial networks （GAN）, deep FRAME

第六节：深度学习前沿（Frontiers of deep learning），3学时

图卷积神经网络，自动机器学习

Graph convolutional neural networks, automated machine learning

第七节：强化学习介绍（Introduction to reinforcement learning），3学时

状态，动作，策略，奖励；Markov决策过程

State, action, strategy, reward; Markov decision process

第八节：有模型学习（Model-based learning），6学时

策略评估，改进，迭代

Strategy evaluation, improvement, iteration

第九节：无模型学习（Model-free learning），6学时

Monte-Carlo方法，时序差分方法，Q学习

Monte-Carlo methods, temporal difference （TD） methods, Q-learning

第十节：深度强化学习（Deep reinforcement learning），3学时

函数逼近，深度Q网络

Function approximation, deep Q-networks（DQN）

四、课程特色

本课程重视基本知识与前沿的结合，让学生在打好基础的同时，掌握当前深度与强化学习的前沿动态。

3.7.6.3.3 机器学习理论

一、课程基本情况

课程名称	机器学习理论											
	Machine Learning Theory											
开课时间	一年级			二年级			三年级			四年级		
	秋	春	暑	秋	春	暑	秋	春	暑	秋	春	暑
适用院系	元培学院、信息科学技术学院、人工智能研究院、智能学院											
课程定位	学院平台课											
学分	3 学分											
总学时	48 学时											
先修课程	数学分析、线性代数 A、概率论、机器学习											
后续课程	—											
教学方式	课堂讲授											
课时分配	均为课堂讲授（48 学时）											
考核方式	平时作业占 20%，课程大作业占 40%，期末考试占 40%。期末考试采取开卷笔试方式											
主要教材	—											
参考资料	1. Mehryar Mohri, Afshin Rostamizadeh, Ameet Talwalkar, Foundations of Machine Learning（2nd Edition）, The MIT Press 2. Shai Shalev-Shwartz, Shai Ben-David Understanding Machine Learning: From Theory to Algorithms, Cambridge University Press											

二、教学目的和基本要求

1. 使学生掌握机器学习的基础理论与分析方法。

2. 使学生能应用所学的机器学习理论设计新的机器学习方法并加以分析。

3. 培养学生发现问题、提出问题与解决问题的能力和科学精神。

三、课程的构架和知识点

第一节：机器学习简介（A brief introduction to machine learning），3学时

机器学习概述，主要研究方向与标志性成果，监督学习的数学描述，Bayes最优分类器，泛化与过拟合问题

Overview of machine learning, major directions and representative results, mathematical descriptions on supervised learning, Bayesian optimal classifier, generalization and overfitting problems

第二节：基本概率不等式（Basic probabilistic inequalities），6学时

Chernoff不等式、Azuma-Hoeffding不等式等常用的集中不等式

Chernoff inequality, Azuma-Hoeffding inequality and other common concentration inequalities

第三节：VC理论（Vapnik-Chervonenkis theory），3学时

泛化的基本思想；VC上界及证明技巧：双样本技术，对称化，VC维，Sauer引理；VC下界：可实现情形

Basic ideas of generalization; VC upper bound and proof tricks: Double sampling technique, symmetrization, VC dimension, Sauer's lemma; VC lower bound: Realizable case

第四节：实用机器学习算法（Practical machine learning algorithms），3学时

支持向量机，Boosting，Bagging，随机森林，深度神经网络

Support Vector machine （SVM）, Boosting, Bagging, random forests, deep neural networks

第五节：对偶理论（Dual theory），3学时

极小极大定理，Lagrange对偶，KKT条件

Minimax theorem, Lagrangian duality, KKT conditions

第六节：Boosting的间隔理论（Margin theory for Boosting），3学时

Boosting和投票分类器的间隔理论

Margin theory for Boosting and voting classifiers

第七节：PAC-Bayes理论（PAC-Bayes theory），3学时

Bayes学派与频率学派，PAC-Bayes泛化理论

Bayes vs. Frequency, PAC-Bayes generalization theory

第八节：PAC-Bayes与支持向量机的间隔理论（PAC-Bayes and SVM margin theory），3学时

从PAC-Bayes推出支持向量机间隔界

From PAC-Bayes bound to margin bounds for SVM

第九节：算法稳定性理论（Algorithmic stability theory），3学时

算法稳定性的概念，从算法稳定性到泛化

Concept of algorithmic stability, from algorithmic stability to generalization

第十节：深度学习理论（Deep learning theory），3学时

深度学习的表示理论、优化理论和泛化理论；神经正切核理论

Representation, optimization and generalization theories of deep learning; Neural tangent kernel theory

第十一节：差分隐私（Differential privacy），3学时

差分隐私的基本概念和基本算法

Basic concepts and algorithms of differential privacy

第十二节：在线学习（Online learning），6学时

带专家意见的在线学习，乘法权更新算法，多臂赌博机，上下文赌博机

Online learning with expert advice, multiplicative weight updating, multi-arm bandits, contextual bandits

第十三节：强化学习（Reinforcement learning），6学时

Markov决策过程，策略迭代，值迭代，时序差分学习，Q学习，策略梯度

MDP, policy iteration, value iteration, TD learning, Q-learning, policy gradient

四、课程特色

本课程重视学生对基本概念、基本理论与基本方法的理解和掌握；重视对学生的学习兴趣、独立思考能力的培养；内容与机器学习理论方向研究前沿接轨。

3.7.6.4 自然语言理解系列课程

3.7.6.4.1 人类语言与通信机理

一、课程基本情况

<table>
<tr><td rowspan="2">课程名称</td><td colspan="12">人类语言与通信机理</td></tr>
<tr><td colspan="12">Human Language and Human-machine Communication</td></tr>
<tr><td rowspan="2">开课时间</td><td colspan="3">一年级</td><td colspan="3">二年级</td><td colspan="3">三年级</td><td colspan="3">四年级</td></tr>
<tr><td>秋</td><td>春</td><td>暑</td><td>秋</td><td>春</td><td>暑</td><td>秋</td><td>春</td><td>暑</td><td>秋</td><td>春</td><td>暑</td></tr>
<tr><td>适用院系</td><td colspan="12">元培学院、信息科学技术学院、人工智能研究院、智能学院</td></tr>
<tr><td>课程定位</td><td colspan="12">学院平台课</td></tr>
<tr><td>学分</td><td colspan="12">3 学分</td></tr>
<tr><td>总学时</td><td colspan="12">48 学时</td></tr>
<tr><td>先修课程</td><td colspan="12">概率论、线性代数 A、机器学习</td></tr>
<tr><td>后续课程</td><td colspan="12">计算语言学</td></tr>
<tr><td>教学方式</td><td colspan="12">课堂讲授</td></tr>
<tr><td>课时分配</td><td colspan="12">均为课堂讲授（48 学时）</td></tr>
<tr><td>考核方式</td><td colspan="12">平时作业占 50%，课程大作业占 50%</td></tr>
<tr><td>主要教材</td><td colspan="12">—</td></tr>
<tr><td>参考资料</td><td colspan="12">1. Daniel Jurafsky, James H. Martin, Speech and Language Processing: An Introduction to Natural Language Processing, Computational Linguistics, and Speech Recognition, Prentice-Hall
2. Song-Chun Zhu, Yixin Zhu, Cognitive Models for Visual Commonsense, Springer
3. Kevin A. Cluck, John E. Laird, Interactive Task Learning: Humans, Robots, and Agents Acquiring New Tasks through Natural Interactions, The MIT Press
4. Michael S. Gazzaniga, Richard B. Ivry, George R. Mangun, Cognitive Neuroscience: The Biology of the Mind, W. W. Norton & Company
5. Herbert H. Clark, Using Language, Cambridge University Press
6. Michael Tomasello, Origins of Human Communication, A Bradford Books, The MIT Press</td></tr>
</table>

二、教学目的和基本要求

1. 使学生了解人类或人机通信交流的认知和计算模型这一领域的基础理论以及重要方法。

2. 使学生了解该领域的前沿科研工作。

3. 培养学生的独立思考能力、科学思维和求知创新精神。

三、课程的构架和知识点

第一节：神经和心理语言学基础（Neural- and psycho- linguistics basics），6学时

语言的神经学和心理认知基础，Tomasello理论，语言交互的认知架构

Neural and cognitive basis of language, Tomasello's theory, cognitive architectures of communication

第二节：语言交互与建模（Communication and language modelling），9学时

语言演化，语言交互理论，语言建模

The evolution of languages, pragmatics theory of communication, language modelling

第三节：语言理解与生成（Language understanding and generation），11学时

语言理解机制及建模，多语言交互，文本生成，文档综述，对话生成，故事及长文档生成，跨模态理解，跨模态生成

Mechanisms and modeling of natural language understanding, multilingual interaction, natural language generation, document summarization, response generation, story and long document generation, multi-modal understanding, multi-modal generation

第四节：对话建模和对话管理（Dialogue modelling and dialogue management），11学时

对话建模，对话状态追踪，强化学习，对话管理

Dialogue modeling, dialogue state tracking, reinforcement learning, dialogue management

第五节：场景对话和交互式学习（Situated dialogue and communicative learning），11学时

多模态交互，眼睛注视与交互，场景对话，交互式学习，对话系统及其应用

Multi-modal interaction, eye gaze in communication, situated dialogue, communicative learning, dialogue systems and their applications

四、课程特色

本课程注重跨学科的知识融合与应用，它涉及神经科学、计算语言学、计算机视觉、人工智能决策与规划等领域；可以帮助学生体会掌握综合运用多个学科知识来分析、设计和解决人机交互问题的重要性；培养学生在认知科学等跨学科领域中学习与研究的兴趣和能力。

3.7.6.4.2 计算语言学

一、课程基本情况

课程名称	计算语言学											
	Computational Linguistics											
开课时间	一年级			二年级			三年级			四年级		
	秋	春	暑	秋	春	暑	秋	春	暑	秋	春	暑
适用院系	元培学院、信息科学技术学院、人工智能研究院、智能学院											
课程定位	学院平台课											
学分	3 学分											
总学时	48 学时											
先修课程	Python 程序设计、人类语言与通信机理											
后续课程	—											
教学方式	课堂讲授、论文研读汇报、课程项目汇报											
课时分配	课堂讲授（37 学时）+ 论文研读汇报（6 学时）+ 课程项目汇报（5 学时）											
考核方式	平时作业占 30%，论文研读汇报占 20%，课程项目汇报占 50%											
主要教材	—											
参考资料	1. 邓力、刘洋，基于深度学习的自然语言处理，清华大学出版社 2. 俞士汶，计算语言学概论，商务印书馆 3. ACL anthology: https://aclanthology.org/											

二、教学目的和基本要求

1. 使学生了解计算语言学所涉及的语法、语义、语用知识，掌握这些知识的形式化表示及一般的处理方法。

2. 使学生有意识地将语法、语义、语用知识融入当前主流的统计模型，能提出创新性的语言信息处理解决方案。

3. 培养学生发现问题、解决问题的能力，激发学生对计算语言学的研究兴趣。

三、课程的构架和知识点

第一节：计算语言学概论（Overview of computational linguistics），2学时

计算语言学的基本概念、发展历程、交叉学科性质、应用

Basic concepts, the history of development, interdisciplinary nature and applications of computational linguistics

第二节：语言学概论（Overview of linguistics），2学时

语言学的研究目标、研究内容、基本方法、主要流派；语言学和计算语言学

Research goals, research contents, basic methods and main schools of linguistics; Linguistics and computational linguistics

第三节：语言知识库（Lexicon），2学时

WordNet, FrameNet, HowNet,《现代汉语语法信息词典》《同义词词林》

WordNet, FrameNet, HowNet, *Grammatical Knowledge Base of Contemporary Chinese, Synonym Forest*

第四节：语料库及其构建（Corpus and its construction），2学时

知名语料库，语料库构建，Zip定律，一致性分析，众包

Well-known corpus, corpus construction, Zip law, inter-annotator agreement, crowdsourcing

第五节：词层面自动分析与意义计算（Word-level analysis and meaning computation），4学时

汉语的字、词、短语；汉语分词的难点；汉语的词类体系；词义区分；词义消歧；词表征

Chinese characters, words and phrases; Difficulties of Chinese word segmentation; Part of speech system of Chinese; Word sense differentiation; Word sense disambiguation; Word representation

第六节：句层面自动分析与意义计算（Sentence-level analysis and meaning computation），6学时

短语结构语法，依存句法分析，构式语法，格语法，语义角色标注，语义依存图，抽象语义表征，句义表征

Phrase structure grammars, dependency parsing, construction grammars, case grammars, semantic role labeling, semantic dependency graphs, abstract meaning representation, sentence embeddings

第七节：篇章层面自动分析与语义计算（Discourse-level analysis and meaning computation），4学时

篇章结构分析，RST理论，宾州篇章树库，指代消解，篇章连贯，篇章义表征

Discourse parsing, RST theory, PDTB, anaphora resolution, discourse coherence, document-level representation

第八节：言语语用研究（Pragmatic study），2学时

言语，功能语法，认知语言，社会语言，对话与合作

Speech, functional grammars, cognitive language, social language, dialogue and cooperation

第九节：知识表征与计算（Knowledge representation and computation），2学时

知识，知识表征，知识图谱，自然语言处理中的知识应用

Knowledge, knowledge representation, knowledge graph, knowledge applications in NLP

第十节：复述生成（Paraphrase generation），2学时

复述与意义，词语、句子复述，问题复述，复述生成，复述应用

Paraphrase and meaning, word and sentence paraphrase, question paraphrase, paraphrase generation, paraphrase applications

第十一节：情感计算（Sentiment analysis），4学时

情感，情感理论，情感计算，情绪计算，情感因果

Sentiment, sentiment theory, sentiment analysis, emotion analysis, emotional causality

第十二节：阅读理解与问题生成（Reading comprehension and question generation），5学时

机器阅读理解，神经网络模型，数据集，问题生成，神经网络生成模型

Machine reading comprehension, neural network models, datasets, question generation, neural network generation models

四、课程特色

本课程突出计算语言学中计算机科学和语言学的交叉本质，讲解计算语言学研究中所涉及的语言学基础知识，以及汉语的特性与自动处理的难点，探究如何融合知识与统计模型，鼓励学生深入思考、积极讨论、主动参与项目实践。

3.7.6.4.3　语义计算与知识图谱

一、课程基本情况

课程名称	语义计算与知识图谱 Semantic Computing and Knowledge Graph											
开课时间	一年级			二年级			三年级			四年级		
	秋	春	暑	秋	春	暑	秋	春	暑	秋	春	暑
适用院系	元培学院、信息科学技术学院、人工智能研究院、智能学院											
课程定位	学院平台课											
学分	3 学分											
总学时	48 学时											
先修课程	自然语言处理											
后续课程	—											
教学方式	课堂讲授、学生汇报、项目实践											
课时分配	课堂讲授（39 学时）+ 学生汇报（6 学时）+ 项目实践（3 学时）											
考核方式	平时作业占 20%，课程大作业占 30%，学术前沿汇报与展示占 50%											
主要教材	—											
参考资料	1. Daniel Jurafsky, James H. Martin, Speech and Language Processing: An Introduction to Natural Language Processing, Computational Linguistics, and Speech Recognition, Prentice-Hall 2. Phillip C. -Y. Sheu, Heather Yu, C. V. Ramamoorthy, Semantic Computing, Wiley-IEEE Press 3. 相关领域一流国际会议（如 ACL，EMNLP，AAAI，IJCAI，KDD 等）上发表的学术论文											

一、教学目的和基本要求

1. 让学生了解语义计算与知识图谱相关领域的基础技术与部分前沿进展。

2. 培养学生对人工智能领域尤其是语言智能领域的研究兴趣。

3. 提高学生分析、解决语言智能领域实际问题的能力，让学生掌握一定的研究方法。

三、课程的构架和知识点

第一节：课程介绍（Introduction），3学时

课程内容与概述

Course content and overview

第二节：词汇语义计算Ⅰ（Word semantic computation Ⅰ），3学时

语义资源，基于WordNet的语义计算

Semantic resources, semantic computing based on WordNet

第三节：词汇语义计算Ⅱ（Word semantic computation Ⅱ），3学时

基于语料库与互联网的语义计算

Semantic computing based on corpus and web

第四节：词汇语义计算Ⅲ（Word semantic computation Ⅲ），3学时

词义消歧及其在聚类、检索中的应用

Word sense disambiguation and its applications in clustering and retrieval

第五节：句子级语义计算（Sentence level semantic computation），3学时

句子语义表示，语义角色标注，AMR解析

Semantic representation, semantic role labeling, AMR parsing

第六节：篇章分析（Discourse analysis），3学时

篇章分析，指代消解

Discourse parsing, reference resolution

第七节：情感语义计算（Sentimental semantic computation），3学时

情感分类，情感抽取，情感检索

Sentiment classification, opinion extraction, opinion retrieval

第八节：文本推理与复述（Text entailment and paraphrasing），3学时

文本推理与复述

Text entailment and paraphrasing

第九节：知识图谱构建（Construction of knowledge graphs），3学时

信息抽取，实体链接

Information extraction, entity linking

第十节：知识存储与检索（Knowledge storage and retrieval），3学时

RDF数据库，知识检索

RDF database, knowledge retrieval

第十一节：知识表示与推理（Knowledge representation and reasoning），3学时

知识图谱的表示学习，知识推理

Knowledge graph representation learning, knowledge reasoning

第十二节：基于文档与知识的智能问答（Smart QA based on document and knowledge），3学时

基于文档的智能问答，基于知识图谱的智能问答

Smart QA based on document, Smart QA based on knowledge graph

第十三节：知识图谱在文本生成中的应用（Applications of knowledge graph in text generation），3学时

文本生成概论，基于知识的文本生成

General introduction to text generation, text generation based on knowledge

四、课程特色

语义计算与知识图谱技术是自然语言处理与人工智能领域的前沿技术，在产业界也具有广泛的应用前景。本课程在已有的自然语言处理等课程的基础上，向学生介绍语义计算与知识图谱的基本概念与前沿技术，并通过项目实践锻炼学生解决实际问题的能力，同时要求学生进行学术前沿汇报与展示，提高其文献阅读与总结表达能力。

3.7.6.5 认知推理系列课程

3.7.6.5.1 概率与因果的模型与推理

一、课程基本情况

课程名称	概率与因果的模型与推理											
	Probabilistic and Causal Modeling and Reasoning											
开课时间	一年级			二年级			三年级			四年级		
	秋	春	暑	秋	春	暑	秋	春	暑	秋	春	暑
适用院系	元培学院、信息科学技术学院、人工智能研究院、智能学院											
课程定位	学院平台课											
学分	3 学分											
总学时	48 学时											
先修课程	概率论、认知推理											
后续课程	—											
教学方式	课堂讲授、论文研读汇报、课程项目汇报											
课时分配	课堂讲授（24 学时）+论文研读汇报（14 学时）+课程项目汇报（10 学时）											
考核方式	平时作业占 10%，论文研读汇报占 40%，课程项目汇报占 50%											
主要教材	Judea Pearl, Causality: Models, Reasoning, and Inference（2nd Edition）, Cambridge University Press											
参考资料	1. Judea Pearl, Causal Inference in Statistics, Wiley 2. Judea Pearl, Dana Mackenzie, The Book of Why: The New Science of Cause and effect, Basic Books											

二、教学目的和基本要求

1. 使学生了解因果模型中的基本概念与模型。

2. 使学生理解和实践体会因果模型在当代科学实验中的重要性。

3. 培养学生基本的哲学、辩证与推演思维。

三、课程的构架和知识点

第一节：动机：你为什么在意？（Motivation: Why might you care?）2学时

Simpson悖论，因果推理的应用，相关并不表示因果关系

Simpson's paradox, applications of causal inference, correlation does not imply causation

第二节：潜在结果（Potential outcome），2学时

潜在结果和个体处理效果，因果推理的基本问题，几个例子

Potential outcomes and individual treatment effects, the fundamental problem of causal inference, some examples

第三节：图中的关联因果流（The flow of association and causation in graphs），2学时

术语介绍，Bayes网络，因果图，链形和叉形，碰撞者及其后代，d分离，关联因果流

Introduction to terminologies, Bayesian networks, causal graphs, chains and forks, colliders and their descendants, d-separation, flow of association and causation

第四节：因果模型（Causal models），2学时

Do操作符与干预分布，后门调整，结构因果模型，几个例子

Do-operator and interventional distributions, backdoor adjustment, structural causal models, some examples

第五节：随机化实验（Randomized experiments），2学时

可比性和协变量平衡，可交换性

Comparability and covariate balance, exchangeability

第六节：非参数识别（Nonparametric identification），1学时

前门调整，图的可识别性

Frontdoor adjustment, identifiability from graphs

第七节：估计（Estimation），1学时

倾向得分，其他方法

Propensity score, other methods

第八节：不可观察的混杂（Unobservable confounding），2学时

界线，敏感性分析

Bounds, sensitivity analysis

第九节：反事实（Counterfactual），2学时

反事实

Counterfactual

第十节：自动推理（Automated reasoning），2学时

命题逻辑，Bayes网络，变量消除，因素消除，复杂度，近似推断，敏感度；Bayes网络学习：参数，结构

Propositional logic, Bayesian networks, variable elimination, factor elimination, complexity, approximate inference, sensitivity; Bayesian networks learning: Parameters, structures

第十一节：关系模型中的概率推理（Probabilistic inferences in relational models），2学时

动机，概率数据库，加权模型计数，WFOMC的推论，关系图模型（表示和学习），完整性，查询编译，对称复杂度，开放世界概率数据库

Motivation, probabilistic databases, weighted model counting, lifted inference for WFOMC, relational graphical models （representation and learning）, completeness, query compilation, symmetric complexity, open-world probabilistic databases

第十二节：概率电路（Probabilistic circuits），1学时

表示，推理，学习，应用

Representations, inference, learning, applications

第十三节：概率程序（Probabilistic programs），1学时

与概率电路的关系，骰子，离散概率程序推论，一般概率程序推论，概率程序的Bayes学习

Relation to probabilistic circuits, dice, discrete probabilistic program inference, general probabilistic program inference, Bayesian learning of probabilistic programs

第十四节：因果感知（Causal perception），2学时

感知因果关系，感知还是认知？计算模型

Perceiving causation; Perception or cognition? Computational models

四、课程特色

本课程重视学生对因果推理中的基本原理与模型的掌握，重点培养学生理解并应用因果模型的能力，进而鼓励学生养成基本的哲学、辩证与推演思维。

3.7.6.5.2 物理与社会常识建模与计算

一、课程基本情况

课程名称	物理与社会常识建模与计算											
	Cognitive Models for Visual Commonsense											
开课时间	一年级			二年级			三年级			四年级		
	秋	春	暑	秋	春	暑	秋	春	暑	秋	春	暑
适用院系	元培学院、信息科学技术学院、人工智能研究院、智能学院											
课程定位	学院平台课											
学分	3 学分											
总学时	48 学时											
先修课程	概率论、计算机视觉、人工智能概论、认知科学相关的基础课											
后续课程	—											
教学方式	课堂讲授、论文研读汇报、课程项目汇报											
课时分配	课堂讲授（24 学时）+ 论文研读汇报（14 学时）+ 课程项目汇报（10 学时）											
考核方式	平时作业占 10%，论文研读汇报占 40%，课程项目汇报占 50%											
主要教材	Song-Chun Zhu, Yixin Zhu, Cognitive Models for Visual Commonsense，Springer											
参考资料	—											

二、教学目的和基本要求

1. 使学生了解常识推理的基本理论与计算方法。

2. 使学生体验利用常识推理解决计算机视觉中的挑战性问题。

三、课程的构架和知识点

第一节：前言（Introduction），2学时

三种表现形式，暗物质，认知结构，小数据大任务

Three types of representations, dark matter, cognitive architecture, small datas for big tasks

第二节：功能性（Functionality），2学时

具有功能语法的场景解析，具有功能语法的场景合成，从视频中学习4DHOI，场景与人的联合推理

Scene parsing with functionality grammars, scene synthesis with functionality grammars, learning 4DHOI from videos, joint inference of scene and human

第三节：物理常识推理（Physical commonsense reasoning），2学时

基于物理推理的场景理解；理解工具：面向任务的对象，黏度

Scene understanding by reasoning physics; Understanding tools: Task-oriented objects, viscosity

第四节：意图性（Intentionality），2学时

注意力，目光交流，为人类意图预测建模“暗物质”，基于时空与或图的意图建模

Attention, gaze and gaze communication, modeling “dark matter” for human intents prediction, modeling intention as spatial-temporal and-or graphs（ST-AOG）

第五节：观察到的因果性（Perceived causality），2学时

因果关系简介，人类实验，因果理论归纳，干预选择，在计算机视觉中的应用

A brief introduction to causality, human experiments, causal theory induction, intervention selection, applications in computer vision

第六节：效用（Utility），2学时

简介，内部人文价值，外部人文价值，U值与U范数，价值网络，学习和推断人类效用，一些实验

Introduction, internal human value, external human value, value U and norm U, value network, learning and inferring human utilities, some experiments

第七节：镜像与从演示中学习（Mirroring and learning from demonstrations），2学时

猴子和人类中的镜像神经元，镜像神经元模型，功能等效的镜像，基于力的目标导向镜像，一些实验

Mirror neurons in monkeys and humans, models of mirror neurons, mirroring with functional equivalence, force-based goal-oriented mirroring, some experiments

第八节：生命性（Animacy），2学时

背景，刺激合成，人类实验

Background, stimulus synthesis, human experiments

第九节：心智理论（Theory of mind），4学时

简介，背景；框架：心智理论中的综合更新、规划与学习；实验：警察小偷博弈；常识表示：从分布式知识到常识，信仰之上的信仰

Introduction, background; Framework: Theory-of-mind belief update, planning and learning; Experiment: Police-thief game; Common knowledge representation: From distributed knowledge to common knowledge, belief over belief

第十节：可解释的人工智能（Explainable AI），4学时

X-ToM简介：用心智理论解释如何增加JPT和JNT；X-ToM框架：X-ToM博弈，X-ToM 执行者（用于图像解释），X-ToM解释器（用于生成说明），X-ToM评估器（用于信任估计），X-ToM中思想的表示，学习X-ToM解释者策略；实验：X-ToM解释者的AMT评估，合理信任的人类主体评价，逐渐信赖获取；案例分析

A brief introduction to X-ToM: Explaining with theory of mind for increasing JPT and JNT; X-ToM framework: X-ToM game, X-ToM performer （for image interpretation）, X-ToM explainer （for explanation generation）, X-ToM evaluator （for trust estimation）, representation of minds in X-ToM, learning X-ToM explainer policy; Experiments: AMT evaluation of X-ToM explainer, human subject evaluation on justified trust, gain in reliance over time; Case studies

四、课程特色

本课程重视学生理解认知推理的理论以及具体计算方法，并能利用这些知识解决计算机视觉中的一些挑战性问题；重视培养学生的学习兴趣、理论推导能力与实践能力。

3.7.6.5.3 脑、认知与计算

一、课程基本情况

课程名称	脑、认知与计算											
	Brain, Cognition and Computing											
开课时间	一年级			二年级			三年级			四年级		
	秋	春	暑	秋	春	暑	秋	春	暑	秋	春	暑
适用院系	元培学院、信息科学技术学院、人工智能研究院、智能学院											
课程定位	学院平台课											
学分	3 学分											
总学时	48 学时											
先修课程	概率论、计算机视觉、人工智能基础、认知科学相关基础课											
后续课程	—											
教学方式	课堂讲授、论文研读汇报、课程项目汇报											
课时分配	课堂讲授（24 学时）+ 论文研读汇报（14 学时）+ 课程项目汇报（10 学时）											
考核方式	平时作业占 10%，论文研读汇报占 40%，课程项目汇报占 50%											
主要教材	教师自编讲义											
参考资料	Eric R. Kandel, James H. Schwarz, Thomas M. Jessell, et al., Principle of Neuroscience（5th Edition）, McGraw-Hill Education / Medical											

二、教学目的和基本要求

通过本课程的教学，使学生了解常识推理的基本概念以及关于意识的神经科学、心理学机制与计算模型，同时让学生实践体会常识推理在视觉问题中的应用。

三、课程的构架和知识点

第一节：概述（Introduction），2学时

脑，认知与计算

Brain, cognition and computing

第二节：脑神经回路与认知功能（Brain circuits and cognitive functions），8学时

神经元结构及其模型：Hodgkin-Huxley模型，Hebbian学习；神经环路：大脑不同脑区的功能以及它们之间的连接，大脑皮层不同层神经环路的输入与输出；神经编码：稀疏编码，预测编码和总体编码等；感觉系统：视觉、听觉、触觉、嗅觉、味觉等感觉信息处理的环路与机理；运动的计划与控制：运动计划与控制的神经机理与模型；认知功

能：注意力、决策、工作记忆、学习等高级认知功能的机理；归纳推理：概念学习和类别，因果学习，关系推理，定性推理；演绎推理：双重过程与思维模式；类比学习；智商测试；判断与决策及其他：启发式判断和理性，信念修正，士气判断，语言和思想；神经功能的工业实现：脑机接口，视觉假体，智能机器人，自动驾驶

Neuron structure and its model: Hodgkin-Huxley model, Hebbian learning; Neural circuits: The functions and connections between different brain areas of the brain, and the input and output of neural circuits in different layers of the cerebral cortex; Neural coding: Sparse coding, predictive coding and population coding, etc.; The sensory system: The loop and mechanism of sensory information processing such as vision, hearing, touch, smell and taste; Exercise planning and control: The neural mechanism and model of exercise planning and control; Cognitive functions: The mechanism of high-level cognitive functions such as attention, decision-making, working memory, and learning; Inductive reasoning: Concept learning and categories, causal learning, relational reasoning, qualitative reasoning; Deductive reasoning: Dual processes and mental models; Learning by analogy; I.Q. Test; Judgement and decision making and beyond: Heuristic judgment and rationality, belief revision, morale judgment, language and thought; Industrial realization of nerve function: Brain machine interface, visual prothesis, intelligent robots, autonomous driving

第三节：认知计算模型（Cognitive computing models），8学时

目标识别，基于局部的模型，组合理论，表观模型，HMAX，Bayes模型，利用深度神经网络理解大脑皮层感知与认知机制的启发，卷积神经网络；移动感知：基于操纵杆模型的生物运动理解，预测模型；鸡尾酒会问题；Bayes推断的神经机制（概念的形成），Kalman滤波，粒子滤波，平均场理论；强化学习；记忆与单样本学习；社会认知计算

Object recognition, part-based models, compositional theory, appearance-based models, HMAX, Bayesian models, enlightenment of using deep neural networks to understand the perception and cognitive mechanisms of the cerebral cortex, CNN; Motion perception: Stick model based biological motion understanding, predictive models; Cocktail party problem; Neural mechanism of Bayes inference （concept formation）, Kalman filtering, particle filtering, mean field theory; Reinforcement learning; Memory and one-shot learning; Social cognition calculation

第四节：意识（Consciousness），6学时

意识的研究历史和方法论：意识的定义，意识的哲学理论，意识神经相关物研究的提出；意识的神经心理学研究（异常案例）：盲视、忽视、裂脑人、植物人等神经心理学案例；意识和人脑（正常人上的研究）：人脑信息处理的基本框架，人脑信息加工的

脑成像技术，意识研究的基本心理学范式，意识神经相关的主流理论，意识和注意，意识和记忆；其他动物的意识研究；意识的计算模型

The history and methodology of consciousness research: The definition of consciousness, the philosophical theory of consciousness, and the proposition of the research on the neural correlates of consciousness; Neuropsychological study of consciousness（abnormal cases）: Neuropsychological cases of blindness, neglect, schizencephalic and vegetable people; Consciousness and human brain （research on normal people）: The basic framework of human brain information processing, brain imaging technology of human brain information processing, basic psychological paradigm of consciousness research, mainstream theories related to consciousness nerve, consciousness and attention, consciousness and memory; Research on consciousness of other animals; Computational models of consciousness

四、课程特色

本课程注重让学生从神经科学、心理学角度学习并掌握人类认知的原理与过程，鼓励学生将认知科学、脑科学与计算机视觉相结合，培养学生深入思考、创新性发现与实践的能力。

3.7.6.6 机器人学系列课程

3.7.6.6.1 机器人动力学与控制

一、课程基本情况

课程名称	机器人动力学与控制											
	Introduction to Robotics: Dynamics and Control											
开课时间	一年级			二年级			三年级			四年级		
	秋	春	暑	秋	春	暑	秋	春	暑	秋	春	暑
适用院系	元培学院、信息科学技术学院、人工智能研究院、智能学院											
课程定位	学院平台课											
学分	3 学分											
总学时	48 学时											
先修课程	理论力学											
后续课程	感知与生物机械、任务与行为规划											
教学方式	课堂讲授、实验											
课时分配	课堂讲授（36 学时）+ 实验（12 学时）											
考核方式	平时作业占 40%，期末考试占 60%											
主要教材	1. John Craig, Introduction to Robotics: Mechanics and Control（4th Edition）, Pearson 2. Kevin M. Lynch, Frank C. Park, Modern Robotics: Mechanics, Planning and Control, Cambridge University Press											
参考资料	—											

二、教学目的和基本要求

本课程综合介绍机器人动力学与控制研究中所涉及的基本概念、原理、算法和代表性进展，使学生掌握机器人动力学与控制的基本知识，了解机器人主要发展方向和代表性成果；掌握动力学建模与控制系统设计的主要方法；具备机器人动力学分析和控制综合能力。

三、课程的构架和知识点

第一节：机器人运动学（Robot kinematics），12学时

空间表达和坐标变换，刚体系统，速度和加速度，正运动学和逆运动学，Jacobi矩阵，闭链运动学

Spatial descriptions and transformations, rigid-body systems, velocity and acceleration, forward/inverse kinematics, Jacobian matrix, kinematics of closed chains

第二节：机器人动力学（Robot dynamics），12学时

自由运动机器人的动力学方程，重心，惯性矩阵与动量，开链动力学，Newton-Euler逆动力学，机器人动力学的Lagrange法

Kinetic equations of a free-moving robot, center of mass, inertia matrices and momentum, dynamics of open chains, Newton-Euler inverse dynamics, Lagrangian formulation of robot dynamics

第三节：机器人运动控制（Robot motion control），12学时

轨迹生成，运动规划，线性、非线性控制，阻抗控制，位置、力控制，最优化及自适应

Trajectory generation, path generation, linear/nonlinear control, impedance control, position/force control, optimization and adaptive control

第四节：机器人综合实验（Robot comprehensive experiments），12学时

刚体动力学建模与仿真实验，复杂机械结构设计及传动机构实验，驱动器和控制电路实验，复杂环境构建与机器人轨迹规划实验，机器人整体集成实验

Modeling and simulation experiments on rigid-body systems, complex mechanical design and motion control experiments, actuators and control circuits design experiments, complex scene reconstruction and robot path planning experiments, robot integrated experiments

四、课程特色

本课程综合介绍机器人学涉及的动力学与控制等进阶知识，并结合相应的动手实验，将理论知识与机器人实际系统相结合。

3.7.6.6.2 感知与生物机械

一、课程基本情况

课程名称	感知与生物机械											
	Sensing and Mechatronics											
开课时间	一年级			二年级			三年级			四年级		
	秋	春	暑	秋	春	暑	秋	春	暑	秋	春	暑
适用院系	元培学院、信息科学技术学院、人工智能研究院、智能学院											
课程定位	学院平台课											
学分	3 学分											
总学时	48 学时											
先修课程	机器人动力学与控制、电子电路											
后续课程	—											
教学方式	课堂讲授、实验											
课时分配	课堂讲授（36 学时）+ 实验（12 学时）											
考核方式	平时作业占 40%，期末考试占 60%											
主要教材	William Bolton, Mechatronics: Electronic Control Systems in Mechanical and Electrical Engineering（7th Edition）, Pearson Higher Education											
参考资料	—											

二、教学目的和基本要求

本课程综合介绍机器人感知、决策、控制等方面研究中所涉及的基本概念和原理以及生机电一体化与机械电子的基本技术，使学生掌握机器人感知的基本知识，了解主要传感手段、多传感信息融合、人机协作、混合智能、综合决策与控制等方面的代表性成果；掌握生机电一体化的主要方法；具备机械电子工程综合能力。

三、课程的构架和知识点

第一节：机器人传感与认知（Robot sensing and perception），12学时

光电、磁力码盘，红外测距仪，声呐，惯性传感器，定位系统，力触觉，遥操作，多传感器信息融合，决策生成

Optoelectronic / magnetic encoder, infrared distance meter, sonar, IMU, positioning system, haptics, remote operation, multi-sensor fusion, decision making

第二节：生机电一体化（Bio-mechatronics），12学时

人机混合智能，耦合动力学，神经接口，感知替代，人机交互与协作

Human-machine hybrid intelligence, hybrid system dynamics, neural interfaces, sensory substitution, human-robot interaction and cooperation

第三节：机器人智能控制（Robot intelligent control），12学时

自适应控制，交互学习控制，人在环路优化方法

Adaptive control, interactive learning control, human-in-the-loop optimization

第四节：综合实验（Comprehensive experiments），12学时

感知系统综合构建实验，人机协作控制实验，生机电一体化机器人综合集成实验

Comprehensive construction experiments of perception systems, human-robot cooperative control experiments, comprehensive experiments on bio-mechatronic robots

四、课程特色

本课程综合介绍机器人传感与生机电一体化等进阶知识，并结合相应的动手实验，将理论知识与机器人实际系统相结合。

3.7.6.6.3　任务与行为规划

一、课程基本情况

<table>
<tr><td rowspan="2">课程名称</td><td colspan="12">任务与行为规划</td></tr>
<tr><td colspan="12">Tasks and Motion Planning</td></tr>
<tr><td rowspan="2">开课时间</td><td colspan="3">一年级</td><td colspan="3">二年级</td><td colspan="3">三年级</td><td colspan="3">四年级</td></tr>
<tr><td>秋</td><td>春</td><td>暑</td><td>秋</td><td>春</td><td>暑</td><td>秋</td><td>春</td><td>暑</td><td>秋</td><td>春</td><td>暑</td></tr>
<tr><td>适用院系</td><td colspan="12">元培学院、信息科学技术学院、人工智能研究院、智能学院</td></tr>
<tr><td>课程定位</td><td colspan="12">学院平台课</td></tr>
<tr><td>学分</td><td colspan="12">3 学分</td></tr>
<tr><td>总学时</td><td colspan="12">48 学时</td></tr>
<tr><td>先修课程</td><td colspan="12">机器人动力学与控制</td></tr>
<tr><td>后续课程</td><td colspan="12">—</td></tr>
<tr><td>教学方式</td><td colspan="12">课堂讲授、实验</td></tr>
<tr><td>课时分配</td><td colspan="12">课堂讲授（36 学时）+ 实验（12 学时）</td></tr>
<tr><td>考核方式</td><td colspan="12">平时作业占 40%，期末考试占 60%</td></tr>
<tr><td>主要教材</td><td colspan="12">Sebastian Thrun, Wolfram Burgard, Dieter Fox, Probapilistic Robotics, The MIT Press</td></tr>
<tr><td>参考资料</td><td colspan="12">—</td></tr>
</table>

二、教学目的和基本要求

作为机器人学方向低年级研究生的基础课，本课程综合介绍机器人任务的分解、运动规划、行为规划与协同等方面研究中所涉及的基本概念、原理和算法，使学生掌握机器人任务分解和行为规划的基本知识，了解无人自主系统运动轨迹生成、行为规划与协同、定位与导航、动态地图构建等；掌握概率机器人学的主要方法。

三、课程的构架和知识点

第一节：概率机器人学（Probabilistic robotics），18学时

概率论基础，信号处理，Kalman滤波，机器人视觉图像处理，动目标识别，基于概率的空间位姿估计和定位

Basics of probability theory, signal processing, Kalman filtering, image processing in robotic vision, mobile object recognition, probability-based pose estimation and positioning

第二节：机器人任务规划（Robot task planning），6学时

特征提取，任务分解，交互学习，路径优化

Feature extraction, task allocation, interactive learning, path optimization

第三节：机器人行为规划（Robot motion planning），12学时

定位与导航，运动轨迹规划，动态地图构建，多机器人协同

Localization and navigation, movement trajectory generation, dynamic mapping, multi-robot coordination

第四节：综合实验（Comprehensive experiments），12学时

同时定位与地图构建，无人车定位与导航，双臂协作机器人实验，人机协作任务实验

Simultaneous localization and mapping, localization and navigation of autonomous vehicles, experiments with two-arm cooperating robots, human-robot cooperation experiments

四、课程特色

本课程综合介绍机器人任务规划和行为规划等进阶知识，并结合相应的动手实验，将理论知识与机器人实际系统相结合。

3.7.6.7 多智能体系统系列课程

3.7.6.7.1 博弈论与社会演化

一、课程基本情况

课程名称	博弈论与社会演化											
	Game Theory and Social Evolution											
开课时间	一年级			二年级			三年级			四年级		
	秋	春	暑	秋	春	暑	秋	春	暑	秋	春	暑
适用院系	元培学院、信息科学技术学院、人工智能研究院、智能学院											
课程定位	学院平台课											
学分	3 学分											
总学时	48 学时											
先修课程	概率论、线性代数 A、离散数学、常微分方程											
后续课程	—											
教学方式	课堂讲授、专题报告											
课时分配	课堂讲授（42 学时）+ 专题报告（6 学时）											
考核方式	平时作业占 40%，专题报告占 60%											
主要教材	—											
参考资料	1. Larry Samuelson, Evolutionary Games and Equilibrium Selection, The MIT Press 2. Evolutionary Game Theory, Stanford Encyclopedia of Philosophy: http://seop.illc.uva.nl/archives/fall2002/entries/game-evolutionary/ 3. Martin A. Nowak, Evolutionary Dynamics: Exploring the Equations of Life, Belknap Press											

二、教学目的和基本要求

本课程系统介绍博弈理论的分析方法和动态演化过程相互作用推动社会演变的交互行为理论。通过学习，学生应掌握博弈论的基本问题、基本数学模型、有限理论的概念、演化博弈理论以及非合作博弈、一般的空间博弈和开放动态环境中的群体演化的基本理论。

三、课程的构架和知识点

第一节：基础背景（Backgrounds），3学时

博弈论和社会演化的基本哲学观点，博弈理论范式的关键转折

Basic philosophic perspectives game theory and social evolution, the critical transition of the paradigm of game theory

第二节：合作与非合作博弈的主要概念（Major concepts in cooperative and non-cooperative game），3学时

Nash均衡，核，Shapley 值

Nash equilibrium, kernel, Shapley value

第三节：博弈动力学（Dynamics of games），3学时

博弈决策树，Markov博弈

Decision tree of the game, Markov games

第四节：有限理性（Finite rationality），3学时

计算、通信、样本复杂度等基本概念

Basic concepts of computation, communication and sample complexity

第五节：进化论的博弈论方法（Gaming methods based on evolution theory），3学时

进化论随机过程的稳定策略和Nash均衡及其分析方法

Static strategies and Nash equilibria of stochastic evolutionary processes, along with their analysis methods

第六节：进化过程系统状态空间的漂移（Drift of state space of the evolution process system），3学时

弱主导策略及其在进化动力学中的稳定性

Weak-dominant strategy and its stability in evolutionary dynamics

第七节：最后通牒博弈（Ultimatum game），3学时

最后通牒，完美子博弈，扰动下的动力学

Ultimatum, perfect sub-game, dynamics with perturbation

第八节：有限状态空间Markov链的平稳分布（Stationary distribution of the Markov chain in the finite state space），3学时

弱控制策略的进化优势

Evolutional advantages of weak-dominant strategy

第九节：简单扩展博弈（Simple extended game），3学时

自我确认均衡与向前递归均衡分析

Self-confirmed equilibrium and forward inductive analysis of the equilibrium

第十节：冒险策略（Adventure strategy），3学时

嘈杂环境最优反应分析

Analysis of the best response in the noisy environment

第十一节：进化的公平性选择、语言的产生及文化的进化（The fair choice of evolution, the emergence of language and the evolution of culture），3学时

共享蛋糕及正义概念的起源，交流者与听众，有限理性下的效用函数

Shared cake and the origin of the concept of fairness, communicators and the audience, utility functions under bounded rationality

第十二节：进化博弈论的解释无关性（Explanation independence of evolutionary game theory），3学时

实证研究与历史偏见

Empirical research and historical prejudice

第十三节：有限个体博弈（Finite individual game），3学时

固定概率，进化稳定性，策略入侵

Fixed probability, stability of the evolution, strategic invasion

第十四节：动态环境下博弈（Game in a dynamic environment），3学时

时序网络，博弈迁移，个体交互节律

Sequential network, game migration, individual interaction rhythm

第十五节：人的行为实验，游戏（Human behavior experiments, games），3学时

项目实践

Project practice

第十六节：研究前沿（Research frontier），3学时

阅读，报告，实验

Reading, reports, experiments

四、课程特色

本课程注重学生对基本概念、基本原理与基本方法的理解和掌握，重视培养学生的兴趣、独立思考能力、科学思维和动手能力，鼓励学生将理论联系实际。

3.7.6.7.2　人工生命

一、课程基本情况

课程名称	人工生命											
	Artificial Life											
开课时间	一年级			二年级			三年级			四年级		
	秋	春	暑	秋	春	暑	秋	春	暑	秋	春	暑
适用院系	元培学院、信息科学技术学院、人工智能研究院、智能学院											
课程定位	学院平台课											
学分	3 学分											
总学时	48 学时											
先修课程	高等数学 / 数学分析、线性代数 A / 高等代数、概率统计 A / 随机过程、计算机编程											
后续课程	—											
教学方式	课堂讲授、实验											
课时分配	课堂讲授（42 学时）+ 实验（6 学时）											
考核方式	平时表现占 5% ～ 10%，文献调研及报告占 20% ～ 30%，实验占 60% ～ 70%											
主要教材	—											
参考资料	教师自编讲义											

二、教学目的和基本要求

本课程旨在使学生较为全面地了解在生物个体行为和人类社会建模方面的主要研究方向和基本方法。本课程以课堂教学为主，同时鼓励学生选择感兴趣的方向进一步了解前沿知识，并让学生以课堂报告和实验项目的形式对选定方向做进一步探索。学习本课程之前，需要学生预先掌握高等数学（或数学分析）、线性代数A（或高等代数）、概率统计A（或随机过程）等课程的相关知识，以及计算机编程基础。

三、课程的构架和知识点

第一节：概论（Introduction），3学时

人工生命的定义、历史与总览

Definition, history, and overview of artificial life

第二节：行为与决策（Behavior and decision making），9学时

生物个体在环境中的行为方式，基本的进化算法、遗传算法回顾，Markov决策过程，强化学习，博弈理论基础

Behaviors of the lives in nature, brief review of evolutionary algorithms and genetic algorithms, Markov decision process, reinforcement learning, and the fundamentals of game theory

第三节：个体及个体行为的建模与仿真（Modeling and simulation of individuals and individual behaviors），9学时

生物个体形态建模，遗传形态演化算法和个体形态演化仿真，个体运动和行为建模与仿真，仿生学，人工神经网络

Biological individual morphology modeling, genetic morphology evolution algorithm and individual morphology evolution simulation, individual motion and behavior modeling and simulation, bionice, artificial neural networks

第四节：仿生机器人建模、仿真与实验（Modeling, simulation and experiments of biomimetic robots），3学时

生物运动建模与机理分析，仿生机器人的设计与仿真，仿生机器人运动实验

Modelling and mechanics analysis of animal locomotion, designing and simulation of biomimetic robots, motion experiments with biomimetic robots

第五节：群体行为建模与仿真（Modeling and simulation of crowd behaviors），3学时

群体行为建模，群体行为数值仿真

Modeling of crowd behaviors, numerical simulation of crowd behaviors

第六节：群体机器人实验Ⅰ（Experiments with swarm robots Ⅰ），3学时

空中群体机器人协作对抗博弈实验

Coordination and confrontation game experiments with aerial robots

第七节：群体机器人实验Ⅱ（Experiments with swarm robots Ⅱ），3学时

水中群体机器人协作对抗博弈实验

Coordination and confrontation game experiments with underwater robots

第八节：人类社会建模（Modeling of human society），9学时

复制动力学，演化博弈论，两个体交互，最优策略，多个体交互，结构性群体演化，群体选择，群体行为演化，信息传播，群体智能

Replication dynamics, evolutionary game theory, two-individual interaction, optimal strategy, multi-individual interaction, structural group evolution, group selection, group behavior evolution, information dissemination, swarm intelligence

第九节：合成生物学（Synthetic biology），6学时

细菌合成

Synthesizing bacteria

四、课程特色

本课程重视学生对基本概念、基本原理与基本方法的理解和掌握，注重培养学生的独立思考能力和动手能力，同时为学生提供良好的实践条件，鼓励学生积极思考，相互交流，并通过阅读文献、编程实践等方式对前沿问题进行深入探索。

3.7.6.7.3　多智能体系统

一、课程基本情况

课程名称	多智能体系统											
	Multi-agent Systems											
开课时间	一年级			二年级			三年级			四年级		
	秋	春	暑	秋	春	暑	秋	春	暑	秋	春	暑
适用院系	元培学院、信息科学技术学院、人工智能研究院、智能学院											
课程定位	学院平台课											
学分	3 学分											
总学时	48 学时											
先修课程	机器学习											
后续课程	—											
教学方式	课堂讲授、实验、实验报告											
课时分配	课堂讲授（39 学时）+ 实验（6 学时）+ 实验报告（3 学时）											
考核方式	平时作业占 10%，实验占 30%，期末考试占 60%											
主要教材	Yoav Shoham, Kevin Leyton-Brown, Multiagent Systems: Algorithmic, Game-Theoretic, and Logical Foundations, Cambridge University Press											
参考资料	1. Michael Maschler, Eilon Solan, Shmuel Zamir Game Theory（2nd Edition）, Cambridge University Press 2. Kevin Leyton-Brown, Yoav Shoham, Essentials of Game Theory: A Concise, Multidisciplinary Introduction, Springer											

二、教学目的和基本要求

本课程旨在使学生掌握多智能体系统的理论与算法并体验工程实践，要求学生自主学习并完成课程报告。

三、课程的构架和知识点

第一节：引论（Introduction），3学时

多智能体系统的基本概念，历史发展，学术前沿问题

Basic concepts, history and academic frontier of multi-agent systems

第二节：分布式问题求解（Distributed problem solving），3学时

分布式约束满足，分布式优化

Distributed constraint satisfaction, distributed optimization

第三节：竞争博弈论（Competitive game theory），3学时

博弈的定义，Nash均衡，经典博弈，重复博弈，正则式博弈及其计算，扩展式博弈及其计算，其他博弈形式

Definition of games, Nash equilibrium, classic games, repeated games, normal-form games and computing their solutions, extensive-form games and computing their solutions, other forms of games

第四节：合作博弈论（Cooperative game theory），3学时

具有可转移效用的联盟对策，联盟对策的紧致表示，合作博弈问题与算法

Coalitional games with transferrable utility, compact representations of coalitional games, problems and solutions of cooperative games

第五节：逻辑理论（Logical theories），3学时

知识分割理论，从知识到信念

The partition theory of knowledge, from knowledge to belief

第六节：学习（Learning），3学时

自我虚构策略，理性学习，演化学习

Self-fictitious ploy, rational learning, evolutionary learning

第七节：深度强化学习（Deep reinforcement learning），3学时

深度Q网络，Actor-Critic算法，MaxEnt算法

Deep Q-networks, Actor-Critic algorithms, MaxEnt algorithms

第八节：多智能体均衡学习（Multi-agent equilibrium learning），3学时

Nash Q学习，相关Q学习，极小极大Q学习，Nash和Stackelberg均衡的算法

Nash Q-learning, correlated Q-learning, Minimax Q-learning, algorithms for Nash and Stackelberg equilibrium

第九节：多智能体协作学习（Multi-agent cooperation learning），3学时

值分解网络，多智能体策略梯度算法

Value-decomposition network, algorithms for multi-agent policy gradient

第十节：多智能体通信学习（Multi-agent communication learning），3学时

多智能体通信算法：CommNet, ATOC, I3Net, TarMAC

Multi-agent communication algorithms: CommNet, ATOC, I3Net, TarMAC

第十一节：群体协议（Protocols for groups），3学时

社会选择，策略协议，智能体拍卖

Social choice, protocols for strategic agents, auctions among AI agents

第十二节：多智能体对手建模（Multi-agent opponent modeling），3学时

对手建模算法：机器心智理论，递归推理，在对手学习方法已知的情况下学习己方策略

Opponent modeling methods: Machine theory of mind, recursive reasoning, learning with opponent learning awareness （LOLA）

第十三节：游戏智能体与实践（Game AI and applications），3学时

Alpha-beta算法，Monte-Carlo树搜索算法，通用对弈游戏

Alpha-beta algorithms, MCTS algorithms, general game playing

第十四节：智能多机器人系统实验Ⅰ（Experiments on multi-robot systems Ⅰ），3学时

机器鱼，无人机

Robotic fish, drones

第十五节：智能多机器人系统实验Ⅱ（Experiments on multi-robot systems Ⅱ），3学时

机器鱼，无人机

Robotic fish, drones

第十六节：实验报告（Experiment reports），3学时

学生课程作业报告

Student reports on course assignment

四、课程特色

本课程重视基础理论和工程实践相结合，注重培养学生的实践动手能力，让学生全方位了解多智能体系统，鼓励学生找到自己的研究兴趣。

3.7.6.8 新型人工智能系统系列课程

3.7.6.8.1 人工智能体系结构

一、课程基本情况

课程名称	人工智能体系结构 Architecture of AI											
开课时间	一年级			二年级			三年级			四年级		
	秋	春	暑	秋	春	暑	秋	春	暑	秋	春	暑
适用院系	元培学院、信息科学技术学院、人工智能研究院、智能学院											
课程定位	学院平台课											
学分	3 学分											
总学时	48 学时											
先修课程	人工智能概论、计算机系统导论											
后续课程	—											
教学方式	课堂讲授											
课时分配	均为课堂讲授（48 学时）											
考核方式	平时作业占 20%，课程大作业占 30%，期末考试占 50%											
主要教材	教师自编讲义											
参考资料	HPCA、MICRO、ASPLOS、ISCA 等顶级会议的论文集											

二、教学目的和基本要求

本课程旨在使学生从理论和实践上掌握计算机的工作原理、人工智能专用处理器的设计与基本架构，建立人工智能体系结构的整体概念。

三、课程的构架和知识点

第一节：课程概述（Introduction），3学时

电子计算机，von Neumann结构，存算一体

Electronic computers, von Neumann architecture, computing in memory

第二节：指令系统结构（Instruction set architecture），3学时

x86, RISC-V

x86, RISC-V

第三节：数字电路的设计（Design of digital circuits），6学时

门电路，寄存器，加法器，乘法器，除法器

Gate circuits, register, adder, multiplier, divider

第四节：处理器（Processor），10学时

控制器的基本原理，流水线优化技术，中断与异常

The basic principle of controller, pipeline optimization technology, interruption and exception

第五节：存储层次结构（Memory hierarchy），6学时

DRAM, SRAM，主存，高速缓存

DRAM, SRAM, main memory, cache

第六节：输入输出接口（Input/output system），3学时

接口编址方式，中断控制方式，直接储存器访问方式

Interface addressing, interrupt control, direct memory access

第七节：专用处理器架构（Dedicated processor architecture），8学时

存储器，数据格式，二维处理器单元阵列及其组成架构，存内计算核及其组成架构

Memory, data format, two-dimensional processor cell array and its component architecture, in-memory computing core and its component architecture

第八节：数据流控制（Data flow control），5学时

全定制数据流，可编程数据流

Fully customized data flow, programmable data flow

第九节：人工智能硬件及部署流程（AI hardware and deployment process），4学时

TinyML-单片机与人工智能算法部署流程，FPGA 高层综合流程

TinyML-MCU and AI algorithm deployment process, FPGA high-level synthesis process

四、课程特色

本课程涵盖计算机体系结构、人工智能专用处理器，可以培养和提高人工智能方向学生解决实际问题并进行创新的能力，也可以为学生未来进行科研活动打下良好基础。

3.7.6.8.2 人工智能操作系统

一、课程基本情况

课程名称	人工智能操作系统											
	Operating System for AI											
开课时间	一年级			二年级			三年级			四年级		
	秋	春	暑	秋	春	暑	秋	春	暑	秋	春	暑
适用院系	元培学院、信息科学技术学院、人工智能研究院、智能学院											
课程定位	学院平台课											
学分	3 学分											
总学时	48 学时											
先修课程	操作系统、分布式系统、机器学习											
后续课程	—											
教学方式	课堂讲授、课堂报告、课程项目汇报											
课时分配	课堂讲授（39 学时）+ 课堂报告（6 学时）+ 课程项目汇报（3 学时）											
考核方式	课堂讨论占 30%，学习报告占 30%，课程项目汇报占 40%											
主要教材	—											
参考资料	SOSP、OSDI、NSDI、MLSys 等顶级会议论文集											

二、教学目的和基本要求

1. 让学生了解并掌握面向人工智能的操作系统基本原理、核心技术和前沿进展。

2. 让学生熟悉并能使用主流的人工智能编程模型和框架，具备“全栈式”系统搭建能力。

3. 培养学生发现问题、提出问题、解决问题的能力和批判思维。

三、课程的构架和知识点

第一节：人工智能操作系统概论（Overview of operating systems for AI），3学时

操作系统，分布式系统，机器学习，深度学习

Operating systems, distributed systems, machine learning, deep learning

第二节：编程抽象（Programming abstraction），3学时

计算图，自动微分

Computation graph, automatic differentiation

第三节：开发框架（Development framework），6学时

机器学习框架，深度学习框架，自动机器学习

Machine learning framework, deep learning framework, automated machine learning（AutoML）

第四节：硬件加速与编译优化（Hardware accelerator and compilation optimization），3学时

图形处理器，张量处理器，深度学习处理器，张量虚拟机

GPU, TPU, DPU, TVM

第五节：任务并行（Job parallelism），6学时

分布式机器学习，模型并行，数据并行，混合并行

Distributed machine learning, model parallelism, data parallelism, hybrid parallelism

第六节：计算调度（Computation scheduling），3学时

算子调度，张量调度，计算图调度，任务调度

Operator scheduling, tensor scheduling, computation graph based scheduling, job scheduling

第七节：内存优化（Memory optimization），3学时

动态内存分配，内存交换，缓存，垃圾回收

Dynamic memory allocation, memory swapping, cache, garbage collection

第八节：集群管理（Cluster management），3学时

公平性，资源利用率，跨云

Fairness, resource utilization, multi-cloud

第九节：部署与服务（Deployment and serving），3学时

模型压缩，模型部署，预服务系统

Model compression, model deployment, prediction serving system

第十节：安全与隐私（Security and privacy），6学时

成员推断，模型逆转，差分隐私，对抗学习，联邦学习

Membership inference, model inversion, differential privacy, adversary learning, federated learning

四、课程特色

本课程理论与实践并重，在让学生掌握基本知识和原理的同时，面向特定需求和场景搭建可用系统，解决人工智能理论和方法在实际应用过程中的系统级难题；与学术界最新前沿研究和产业界一线实践案例接轨。

3.7.6.8.3 人工智能编程语言

一、课程基本情况

课程名称	人工智能编程语言											
	AI Programming Languages											
开课时间	一年级			二年级			三年级			四年级		
	秋	春	暑	秋	春	暑	秋	春	暑	秋	春	暑
适用院系	元培学院、信息科学技术学院、人工智能研究院、智能学院											
课程定位	学院平台课											
学分	3 学分											
总学时	48 学时											
先修课程	人工智能概论、人工智能的数学基础											
后续课程	—											

续表

教学方式	课堂讲授、上机实习
课时分配	课堂讲授（27 学时）+ 上机实习（21 学时）
考核方式	平时表现占 60%，上机实习占 40%
主要教材	教师自编讲义
参考资料	PLDI、POPL、FSE/ESEC、OOPSLA 等顶级会议论文集

二、教学目的和基本要求

1. 使学生了解编程语言的历史与分类及其在人工智能中的应用。

2. 使学生了解代表性的人工智能编程语言，并能利用各类人工智能编程语言解决实际问题。

三、课程的构架和知识点

第一节：导引（Introduction），3学时

编程语言的历史和分类：指令式编程、声明式编程、面向对象编程、元编程等

History and classification of programming languages: imperative programming, declarative programming, object-oriented programming, meta-programming, etc.

第二节：逻辑编程语言（Logic programming languages），9学时（含3学时上机实习）

逻辑编程的基本概念，专家系统，自动化定理证明，Prolog编程语言，回答集编程，Datalog编程语言，描述逻辑，网络本体语言

Basic concepts of logic programming, expert systems, automated theorem proving （ATP）, Prolog, answer set programming, Datalog, description logic, web ontology language （OWL）

第三节：概率编程语言（Probabilistic programming languages），12学时（含6学时上机实习）

概率编程的基本概念，概率数据分析，概率元编程，概率逻辑编程，ProbLog编程语言，BayesDB数据库，Church编程语言，Turing.jl编程语言

Basic concepts of probabilistic programming, probabilistic data analysis, probabilistic meta-programming, probabilistic logic programming, ProbLog, BayesDB, Church, Turing.jl

第四节：可微编程语言（Differentiable programming languages），12学时（含6学时上机实习）

可微编程的基本概念，基于梯度的最优化方法，神经网络，深度学习，TensorFlow框架，PyTorch框架

Basic concepts of differentiable programming, gradient-based optimization, neural networks, deep learning, TensorFlow, PyTorch

第五节：动作描述语言（Action description languages），12学时（含6学时上机实习）

动作描述语言的基本概念，面向任务的编程，自动规划和顺序安排，概率规划，Markov决策过程，基于奖励的编程，基于偏好的编程，AIML标记语言，PDDL编程语言

及其衍生语言，DMPL编程语言

Basic concepts of action description languages, task-oriented programming, automated planning and scheduling, probabilistic planning, Markov decision process, reward-based programming, preference-based programming, AIML, PDDL and its derivatives, DMPL

四、课程特色

本课程重视理论和实践的结合，在课程讲授的同时，让学生通过课程项目运用所学知识解决实际问题。

3.7.6.9 人工智能应用系列课程

3.7.6.9.1 智慧医疗

一、课程基本情况

课程名称	智慧医疗											
	Intelligent Medicine											
开课时间	一年级			二年级			三年级			四年级		
	秋	春	暑	秋	春	暑	秋	春	暑	秋	春	暑
适用院系	元培学院、信息科学技术学院、人工智能研究院、智能学院											
课程定位	学院平台课											
学分	3 学分											
总学时	48 学时											
先修课程	计算机视觉、自然语言处理、机器学习（任选一门）											
后续课程	—											
教学方式	课堂讲授、课程项目汇报											
课时分配	课堂讲授（44 学时）+ 课程项目汇报（4 学时）											
考核方式	平时项目实践占 70%，项目汇报占 30%											
主要教材	1. Neil C. Jones, Pavel A. Pevzner, An Introduction to Bioinformatics Algorithms, The MIT Press 2. Wynand Winterbach, Piet Van Mieghem, Marcel Reinders, et al., “Network Biology” section in Topology of Molecular Interaction Networks, BMC Systems Biology, 2013, 7（90） 3. Ian Goodfellow, Yoshua Bengio, Aaron Courville, Deep Learning, The MIT Press											
参考资料	—											

二、教学目的和基本要求

1. 让学生了解分子制药和精准医疗的基本概念，理解人工智能在疾病的诊断和治疗中发挥的重大作用与具备的潜力。

2. 培养学生对人工智能和生物医药领域的兴趣，以培养新型的跨学科人才。

3. 提高学生在全新的应用场景下应用已有模型和开发新模型的能力。

三、课程的构架和知识点

第一节：概述（Overview），3学时

课程介绍与概述

Course introduction and overview

第二节：基于人工智能的小分子药物设计（AI-based design of small molecular drug），4学时

小分子药物的生物机理，小分子药物的数学表示，小分子药物的优化算法

Biological mechanisms of small molecular drug, mathematical representation of small molecular drug, optimization algorithms of small molecular drug

第三节：基于人工智能的小分子药物药性预测（AI-based property prediction of small molecular drug），2学时

药物动力学方法的基本概念，基于深度学习的药物性质预测

Basic concepts of ADMET, drug property prediction by deep learning

第四节：基于人工智能的药物合成（AI-based drug synthesis），3学时

计算化学的基本概念，合成生物学概述，基于人工智能的逆合成算法

Basics concepts of computational chemistry, overview of synthetic biology, AI-driven retrosynthesis planning

第五节：人工智能与老药新用（AI and drug repurposing），2学时

分子生物学的基本概念，药物知识图谱，药物多模态数据整合，老药新用推荐算法

Basic concepts of molecular biology, knowledge graph for drug repurposing, multi-omics data integration for drug repurposing, recommendation algorithms for drug repurposing

第六节：小分子药物的三维结构预测（3D structure prediction for small molecular drug），3学时

小分子三维结构的建模

3D structure modeling for small molecular drug

第七节：大分子药物概述（Overview of large molecular drug），3学时

抗体的基本原理，T细胞疗法，CAR-T基本原理，疫苗的基本原理与新冠病毒内部机理

Basic principles related to antibody, T-cell therapy, CAR-T, basic principles of vaccine and inner working of COVID-19

第八节：蛋白质三维结构预测（3D structure prediction of protein），6学时

蛋白质的基本概念，蛋白质结构预测的发展历史，AlphaFold介绍

Basic concepts of protein, history of protein structure prediction, introduction to AlphaFold

第九节：基于人工智能的蛋白质相互作用预测（AI-based protein interaction prediction），3学时

三维图形建模技术，蛋白质表面建模

Techniques for 3D object modelling, protein surface modelling

第十节：人工智能与免疫疗法（AI and immunotherapy），4学时

基于人工智能的抗体设计与T细胞疗法，肿瘤新抗原发现的机器学习算法

AI-driven antibody design and T-cell therapy, machine learning algorithms for cancer neoantigen detection

第十一节：人工智能与疫苗设计（AI and vaccine design），3学时

mRNA疫苗原理，基于人工智能的mRNA疫苗序列的设计

Principles of mRNA vaccine, AI-driven sequence optimization in mRNA vaccine design

第十二节：人工智能与临床研究（AI and clinics），4学时

疾病亚型预测，病人个性化诊断，自然语言处理技术和计算机视觉技术在临床医学中的应用

Disease subtype prediction, personalize treatment, applications of NLP and computer vision in clinics

第十三节：基于人工智能的癌症研究（AI-based cancer research），4学时

癌症简介，癌细胞的数学模型，基于人工智能的癌症诊断，单细胞组学和癌症研究，人工智能与肿瘤抗药性研究，基于人工智能的癌症免疫疗法

A brief introduction to cancer, the mathematical models of cancer, AI-based cancer diagnosis, single cell omics and cancer research, research on AI and tumor drug resistance, AI-based cancer immunotherapy

第十四节：课程项目汇报（Course project reports），4学时

由学生报告课程项目

The students report their course projects

四、课程特色

医疗最核心的两个问题是：诊断和治疗。本课程在已有的有关机器学习的课程的基础上，向学生全面地介绍人工智能算法是如何助力从诊断到治疗中的各个环节的。与其他的健康医疗课程不同，本课程侧重于分子水平上最前沿的诊断和治疗方案，更关心癌症类复杂疾病的治疗和诊断。本课程的另一个教学侧重点是：介绍如何将一个具体的医疗问题抽象成人工智能可以解决的数学问题。另外，本课程还会通过项目实践的方式锻炼学生解决实际医疗问题的能力，同时要求学生进行学术前沿汇报与展示，测试其文献阅读与总结表达能力。

3.7.6.9.2　智慧健康

一、课程基本情况

课程名称	智慧健康 Smart Health											
开课时间	一年级			二年级			三年级			四年级		
	秋	春	暑	秋	春	暑	秋	春	暑	秋	春	暑
适用院系	元培学院、信息科学技术学院、人工智能研究院、智能学院											
课程定位	学院平台课											
学分	3 学分											
总学时	54 学时											
先修课程	无											
后续课程	医学人工智能高级理论课程											
教学方式	课堂讲授、课程项目汇报											
课时分配	课堂讲授（52 学时）+ 课程项目汇报（2 学时）											
考核方式	平时表现占 70%，课程项目汇报占 30%											
主要教材	教师自编讲义											
参考资料	1. Robert E. Hoyt, Ann Yoshihashi, Health Informatics: Practical Guide for Healthcare and Information Technology Professionals, Lulu.com 2. Eric Topol, Deep Medicine: How Artificial Intelligence Can Make Healthcare Human Again, Basic Books 3. 劳拉 B. 麦德森，大数据医疗：医院与健康产业的颠覆性变革，人民邮电出版社 4. 埃里克・托普，颠覆医疗：大数据时代的个人健康革命，电子工业出版社 5. 保罗・皮尔泽，财富第五波：未来十年世界与中国财富大趋势，中国社会科学出版社											

二、教学目的和基本要求

通过本门课程的教学，鼓励学生探索健康与信息交叉领域的工程科学问题，激发学生对未知世界的好奇心，帮助他们适应大数据新时代的科学思维方法演进，以便为培养我国跨界科学家和“复合型、应用型、创新型”行业领军人才做一些铺垫。

三、课程的构架和知识点

第一节：需求：健康、创新、科研（Needs: Health, innovation, research），2学时

有关健康的概念、术语、本体论、分类、应用等

Health related concepts, terminologies, ontology, classification, applications, etc.

第二节：对象：个人、群体、社会（Objects: Individual, people, society），3学时

健康管理的对象，精准医疗，公共卫生政策，区域之间、不同级别医院之间的合作，甚至医院、人力资源和社会保障局与卫生行政部门之间的合作

Objects of health management, precision medicine, public health policy, collaboration between areas, different level hospitals, and cooperation between hospitals, ministry of human resources and social security bureau, and health administrative departments

第三节：场景：居家、职场、公共场所（Scenarios: Home, workplace, public），3学时

家庭健康，数字医院；工作场所、旅行、娱乐等场景

Home health, digital hospital; Scenarios of working place, travel, entertainment, etc.

第四节：数据：文本、图像、视频（Data: Texts, images, videos），6学时

三种基本的数据格式：文本、图像和视频；破解中文健康档案自然语言、公共资源、多模态影像、各类组学等多维度数据所蕴含信息的解析方式

Three basic data formats: Texts, images and videos; The analysis method for deciphering the information contained in multi-dimensional data such as natural language in Chinese health records, public resources, multimodal images, and various omics

第五节：方法：统计、分析、推理（Methods: Statistics, analysis, inference），8学时

在健康和医学证明中，用于自然语言处理、图像和视频处理、回归分析、推理和推断的知识工程

Knowledge engineering for NLP, image and video processing, regression analysis, reasoning and inference, in health and medical applications

第六节：技术：传感、算法、组学（Technologies: Sensors, algorithms, omics），8学时

软硬结合、信息传感、数据挖掘、各类组学等关键技术在健康管理、老龄化、生殖健康、康复干预、医养结合等方面的应用

Applications of key technologies such as software-hardware integration, information sensing, data mining, and various omics in health management, aging, reproductive health, rehabilitation intervention, and the integration of medical and nursing care

第七节：增强：智识、智能、智慧（Augment: Cognitive, intelligence, wisdom），6学时

运动、饮食、心理、生理、自然、社会、睡眠等人体医学数字化模型，公共卫生风险智能监管，中医治未病等关键技术

Key technologies such as sports, diet, psychology, physiology, nature, society, and sleep in human medical digital models, intelligent supervision of public health risks, and traditional Chinese medicine for preventing diseases

第八节：工具：终端、系统、平台（Tools: Terminals, systems, and platforms），6学时

可穿戴设备、康复辅具、移位助行、精神陪护、健康教育、共情社区、健康文献智能检索平台、健康大数据中心、互联网+健康服务等

Wearable devices, rehabilitation facilities, displacement assistance, mental care, health education, empathy community, health literature intelligent retrieval platform, health big data center, internet plus health services, etc.

第九节：管理：隐私、安全、标准（Management: Privacy, security, standards），4学时

多方计算、联邦学习、国密算法与匿名化等方法在健康数据上的应用

Applications of methods such as multi-party computing, federated learning, national secret algorithm, and anonymization in health data

第十节：应用：医疗、研发、政策（Applications: Healthcare, R&D, policy-making），4学时

智慧医疗在生老病死全过程、衣食住行全方位、中医治未病、伦理研究、医学人文、国家政策等方面的应用

Applications of intelligent health in the entire process of birth, aging, illness, and death, all aspects of clothing, food, housing and transportation, traditional Chinese medicine for preventing diseases, ethical research, medical humanities, national policies, etc.

第十一节：展望：前沿、交叉、跨界（Future: Cutting-edge, cross-area, crossover），2学时

从前沿、跨领域、跨界发展聚焦健康大数据和健康产业

Focus on cutting-edge, cross-area, and crossover developments in health big datas and the health industry

第十二节：课程项目（Course project），2学时

就课程内容及医工交叉发展问题，与任课老师一对一进行沟通与交流

Engage in one-on-one communication and exchange with the teacher regarding course content and the cross-disciplinary development issues between medical and engineering fields

四、课程特色

本课程是信息技术与健康民生需求紧密结合的前沿应用型基础课，也是信息学科内部电子与计算机一体化融合发展的交叉新课程，属于信息工程技术与健康医学需求融合发展的实战课程，也是任课老师"政、产、学、研、医、用"跨界、跨学科的学习经历的实战知识分享课程。本课程为解决面向民生领域的国家新兴战略产业发展需要，为培养健康产业高端人才探索新路子、新方法。

3.8 本科生科研实践

在通用人工智能人才培养体系中，科研实践是至关重要的一环。经过精心设计，本套培养体系的科研实践活动具有以下几个特征：

1. 系统性。科学研究是一个系统的工作，从选题、文献综述到实验设计和算法优化，都仰赖于扎实的科研基本功和对领域的全局理解。本套培养体系的目的在于系统地训练学生在科研实践中的各项能力，为其进行独立科研打下坚实的基础。

2. 连贯性。本套培养体系基于不同学生的科研能力和科研兴趣的差异，设计了循序

渐进的科研实践路径，从低年级的人工智能初级研讨班到高年级的进阶式人工智能系统实践课程，为学生搭建了一个科研“脚手架”，助力其不断精进科研能力。

3. 多样性。人工智能发展呈现对内融合、对外交叉的趋势，人工智能研究在学科关联上分布很广，包括但不限于计算机科学与技术、数学、统计学、心理学等。依托于“通识、通智、通用”的理念，本套培养体系中的科研实践有助于学生开展前沿的跨学科探索。

本套培养体系的科研实践板块包括人工智能初级研讨班、人工智能系统实践课程、大学四年级毕业设计、国际学术交流、企业交流等，有利于培养创新型、复合型的通用人工智能人才。

3.8.1 人工智能初级研讨班

大学一年级下学期的人工智能初级研讨班是科研实践的基石，它以科普的形式向大学一年级新生介绍人工智能六大核心领域（机器学习、计算机视觉、自然语言处理、多智能体、机器人学和认知推理）的知识，为学生打开了一扇踏进人工智能世界的大门，帮助学生初步了解什么是人工智能学科，激发他们的兴趣，并引导他们沿着各自感兴趣的方向继续探索和创新。

人工智能初级研讨班邀请人工智能相关领域的知名专家和学者为学生授业解惑。在授课内容上，不仅涵盖特定领域的前沿理论和方法论，亦强调人工智能与人文、艺术、社科、伦理等领域的交叉融合。在具体授课形式上，教师以开放性问题作为驱动，与学生共同探讨人工智能领域的热点话题，鼓励学生发表自己的观点与看法，注重新思维和新思想的碰撞。人工智能初级研讨班意在给学生埋下求知之种，激发学生对人工智能这一领域进行探究的内在驱动力。

3.8.2 人工智能系统实践课程

三门人工智能系统实践课程是践行“通用”教育的必经之途。这三门课程层层递进，帮助学生从打基础到“小试牛刀”，再到探索科学未知疆域。人工智能系统实践课程重在培养学生的独立科研实践能力，包括但不限于问题意识、文献阅读能力、英文写作能力、自主学习能力等。

人工智能系统实践（Ⅰ）强化学生在人工智能核心领域的基础知识和技能。学生通过阅读关键文献，加深对核心领域的理解，学习CNN，RNN，Transformer，ResNet等简单模型的原理和算法，从而掌握基本的科研手段和方法。在实践这一维度上，学生能够开发实现领域基本任务的工具，如视觉领域的分类、分割、识别、定位、抓取等，为构建人工智能推理系统提供基础。

人工智能系统实践（Ⅱ）在人工智能系统实践（Ⅰ）的基础上对学生提出了更高的

科研要求。学生在这一阶段应明确具体的人工智能研究方向，深入了解该方向的前沿进展，并在该领域有一些积累和创见，能够以某个具体课题为切入点，亲身践行完整的科研过程。在实践这一维度上，学生能够在视觉或语言领域开发认知与推理模块，如视觉领域的符号认知、意图推理等，完成一个完整的通用人工智能系统。

人工智能系统实践（Ⅲ）是高阶课程，要求学生具备接轨科研前沿的科学素养及研究格局，立足国际，以解决世界性前沿难题为使命，提出创造性的解决方案，其研究成果需能够发表在顶级的学术会议或者期刊上。在实践这一维度上，学生能够完成完整的具有认知与推理功能的通用人工智能系统。

在三门人工智能系统实践课程中，学生将由科研导师带领，通过参与最前沿的人工智能课题，开展“做中学”，也有机会根据个人兴趣自主开展科研探索。下表为人工智能系统实践课程中本科生探究过的部分科研课题。

课题领域	课题名称
认知推理	基于常识的视觉推理
认知推理	具身智能中的推理
认知推理	真实场景中的小样本归纳
认知推理	类比推理
认知推理	Heider-Simmel 多意图生成与判断
认知推理	基于神经符号计算的视觉推理
认知推理	视觉逻辑接地
认知推理	基于心智理论的交互
计算机视觉	机械手抓取物体
计算机视觉	以物体为中心的表达
计算机视觉	人与物体交互和接触的联合建模
计算机视觉	复杂遮挡环境下的三维人体姿态估计
计算机视觉	面向边缘计算的深度学习模型轻量优化
计算机视觉	基于人工智能的点云场景硬件加速引擎设计
计算机视觉	人 - 物交互动作生成
计算机视觉	人与关节物体交互姿态估计
计算机视觉	基于 RL 的人 - 物复杂姿态恢复
计算机视觉	对称现实——在真实世界中复刻虚拟环境
计算机视觉	第一人称视角视频中的 4D 时空表征获取
计算机视觉	运动视频中的三维人体、物体交互和重建
计算机视觉	基于语言的具身任务学习
计算机视觉	三维场景理解
计算机视觉	基于语言的视觉定位
计算机视觉	小样本视觉组合概念学习
计算机视觉	可泛化的通用推理模型
自然语言处理	移动应用生态的个人隐私保护
自然语言处理	具身环境中的自然语言理解和交互
自然语言处理	多模态视觉语言理解
自然语言处理	对话智能体的情商评估和建模

续表

课题领域	课题名称
自然语言处理	基于第二语言习得的自然语言模型
自然语言处理	预训练语言模型的分析与检验
自然语言处理	RSA 模型的实用信息对象识别
机器学习	基于符号常识的强化学习
机器学习	可解释有推理能力的神经网络模型
机器学习	量子机器学习与模拟机器学习
机器学习	基于物理定律的神经网络模型研究
机器学习	大规模知识图谱的多跳推理
机器学习	图神经网络表达能力理论研究
机器学习	基于机器学习的芯片设计自动化
机器学习	基于机器学习的芯片侧信道攻击
机器学习	脉冲神经网络时间驱动学习方法研究
机器学习	概率编程计算机之硬件抽象
机器学习	时间折叠全连接层
机器学习	基于固化语言模型的跨模态推理
机器人学	模块化无人机与群体智能
机器人学	场景语义和实例结合的全景建图
多智能体	基于信息论的审稿系统改进
多智能体	考虑数据相关性的数据定价机制
多智能体	通过合作在自动竞价中受益
多智能体	公共品拍卖及投资机制设计
多智能体	开放环境下强化学习算法
多智能体	强化学习与 11 人足球求解
多智能体	博弈场景可变情形下的合作与对抗策略学习
仿真与交互	混合现实系统研发与智能硬件设计
仿真与交互	智能体认知与经验学习
仿真与交互	通用智能体仿真平台设计研发
人工智能音乐	本我对自我的合唱：基于神经反馈的音乐生成
人工智能音乐	基于与或图与价值体系的音乐表示与生成

3.8.3 大学四年级毕业设计

在人工智能初级研讨班和三门人工智能系统实践课程的基础上，学生逐渐明晰了自己的科研兴趣，积累了扎实的基础知识，具备自主学习和独立探索科研问题的能力。在大学四年级学生将会有一整年的时间对感兴趣的人工智能前沿问题进行深度探索，以求得突破性进展。毕业设计作为科研实践教学体系的最后一个环节，是对学生过往所学人工智能相关知识和技能的综合性检验。

3.8.4 国际学术交流

国际学术交流是科研实践体系的强力支撑，是对优秀的科研实践成果的肯定。本套通用人工智能人才培养体系将从以下几个方面推动人工智能方向的国际学术交流：

其一，设立常规性的名师讲坛，邀请各领域国内外知名专家、学者开展研讨会，为学生剖析国际前沿研究发展趋势，为学生的科研实践提供新思路；其二，通过举办国际学术论坛、夏令营、冬令营等短期活动，增强与国际人工智能强校，如麻省理工学院（MIT）、卡耐基梅隆大学（CMU）、加利福尼亚大学洛杉矶分校（UCLA）等的交流互动；其三，通过访学、联合实习等中长期项目，深化与国内外一流高校和研究所之间的科研实践合作；其四，鼓励优秀人才投稿国际知名顶级会议，包括但不限于ICCV、CVPR、ECCV、ICML、NeurIPS、ICLR、AAAI、IJCAI、IROS、ACL、EMNLP等，对论文被接受的学生给予资助，对取得突出成果的学生给予额外奖励。

3.8.5　企业交流

企业交流是科研实践体系的重要补充。依托于北京大学优质的校企合作平台，学生有机会在高科技企业实习，在工业场景中开展科研实践，将自身所学应用到具体的社会问题解决中，了解科研成果在产业中是如何被转化的。

3.9 社会活动

社会活动是培养健全人格的重要途径，也是学生价值观形成过程中不可或缺的外部动力。本套通用人工智能人才培养体系强调社会活动对学生人格和价值观的塑造作用，本章从北京大学校级活动、元培学院院级活动和通班班级活动三个维度对通班学生日常参与的社会活动进行说明。

3.9.1　北京大学校级社会活动

北京大学作为人工智能人才培养的重镇，秉承着自由开放的精神，为学生提供了丰富的社会活动。北京大学有山鹰社、爱心社、中国音乐学社、风雷街舞社、自行车协会等260余个学生社团，涵盖学术、文艺、体育、公益等多个方面，不仅促进学生的人格培养、个性发展和自我成长，也为学生提供了更多元的自我探索和发展空间。在诸多社团中，艺术和体育相关的活动受到了通班学生最多的喜爱。

北京大学现有学生艺术团体8个，文化艺术类社团59个，它们是校园文化艺术建设的中坚力量。1.26万平方米的百周年纪念讲堂，常年提供国内外顶级的音乐会和其他各类艺术演出、讲座报告、电影作品和名家作品展览。近年来，百周年讲纪念堂已成就了包括新年晚会、十佳歌手大赛、剧星风采大赛、国际文化节、纪念“一二·九”运动师生歌咏比赛、毕业生晚会、“演讲十佳”大赛、“五·四”诗歌朗诵会在内的多项品牌活动，并与国家大剧院等单位长期合作，为校园文化建设及美育工作的开展不断增光添彩。

北京大学各项体育活动充分注重学生“自我教育，全面发展”，常规赛事包括每年一次的秋季运动会、春季运动会、冬季越野跑。运动会涉及项目广、参加人数众多，冬季越野跑已经成为校园马拉松比赛的一个环节。以“五·四”夜奔与U-training健身盛典活动为代表的新体育品牌活动也深受广大师生的喜爱。每月一主题的夜奔活动更加贴近学生喜好，激发了学生参与体育运动的热情。此外，体育活动中不可不提的是北京大学山鹰社。它成立于1989年，是北京大学以登山为中心的学生社团，也是全国首家以攀岩、登山为主要活动的学生社团。登山活动所磨炼的坚韧意志和体育精神，对学生的求学和科研道路产生了极为深刻和广泛的影响。

3.9.2 元培学院院级社会活动

元培学院作为人工智能人才培养方案的承接学院，是教育创新的试验田，以“自主学习、自由探索、完全人格、共同生活”为理念。学院建设始终坚持德、智、体、美、劳“五育并举”的培养思路，以打造覆盖学生的学习、生活、兴趣和发展的全面支撑体系，培养具有完全人格、强健体魄、高尚道德、创新思维的新时代青年人为目标。

1. 德育。为培养德才兼备的社会主义建设者和接班人，元培学院在德育课程中做到育人和育才相统一，使青年学生自觉做到“勤学、修德、明辨、笃实”，树立社会责任感。学院开设了特色德育课程，包括红色溯源、党史学习、元行传薪、纪念“一二·九”爱乐传习等，坚持理论学习与实践育人相结合，提升学生思想水平、政治觉悟、道德品质、文化素养，坚持正确政治导向，传承北京大学优良传统。

2. 智育、体育、美育。为深化新时代教育评价改革，完善立德树人体制机制，探索新的教育评价模式，推动“住宿书院”建设，元培学院特设立书院实践课程和书院成长模块，包括国际化能力提升理论和实践、元智乐弈、中国手语入门、手工课、美食圆桌汇、粤语班、羽毛球、绘画班等，涵盖了智育、体育和美育，辅助学生进行学术规划，促进学生的思维开发和兴趣拓展，弘扬体育文化，提升学生的身体素质，陶冶学生的情操，提升学生的审美能力。

3. 劳育。为磨炼学生的劳动意志，让学生感悟劳动乐趣，弘扬劳动精神，使学生树立主人翁意识，元培学院提供了大量志愿服务的机会和选择，如元行力行、支教活动、社区服务、校园服务、社会活动等。这样不仅在劳动中磨炼学生，更是实现了学生的自我成长，增强了学生团结协作的能力，有利于建设和谐美丽的北京大学和更好的元培学院。

为进一步落实“住宿书院”建设，元培学院打造了共同学习生活的教育空间。学院充分利用两层地下空间，为学生提供了图书馆、讨论室、会议室、报告厅、自习室、健身房、乒乓室、音乐室、电影院等多样公共活动空间，以便他们学习、讨论、研究、进行自我发展和参与集体活动。元培学院亦建立了心理成长中心，以学生自身的心理特点与需求为出发点，开展“元心助行”心理探索练习、心理科普讲座、学业动力提升小组、人格与心理测评等个性化心理成长活动，帮助学生了解、探索内心世界。

此外，元培学院充分发挥学生自己的才能，让学生治理自己的家园。比如元培学生学术学会（简称三学），它是学生自发建立的学生组织，协助元培学院完善通识教育，辅助学院落实导师制，促进新生入学适应，助力建设更好的元培学院。三学不仅为学生提供了专业介绍、双学位介绍、培养方案等资源的分享，也提供关于保研、留学、考研的心得体会分享，发布学术资讯，提供学术服务。

3.9.3 通班班级社会活动

通班是人工智能人才培养的一线单位，采取班委会加特别行动小组的组织模式，开展具有人工智能特色的社会活动。通班的班级社会活动主要分为如下两大类：

第一大类是学术文化类活动。通班以人工智能为抓手，开展学科经验分享，由高年级学生承担“一带八”的传帮带任务，为通班新生就人工智能专业和学习答疑解惑，助其更好地适应大学学习生活。另外，通班联合元培信息数据智能学会建立导师-门徒（mentor-mentee）制度，为每位通班新生指定一个高年级学生作为导师，引导其规划人工智能学业。此外，通班会组织读书会，主题覆盖面广，具有启发性，比如“从金庸武侠世界看学术人生”。

第二大类是团队建设类活动。为培养班级凝聚力和塑造班级文化，通班定期开展团队建设，包括趣味羽毛球活动、班级聚餐在内的团建活动。对于团建活动，由文体活动特别行动小组负责设计方案，宣传特别行动小组负责媒体素材的收集和文章的撰写，发表在通班的对外公众号上，作为外界认识和了解人工智能专业培养的一个窗口。

无论是校级、院级还是班级层面，丰富的社会活动作为人才培养的一个重要抓手，是践行“通识、通智、通用”新型培养理念的重要路径，有利于培养理论和实践并重、具有完全人格和专业素养的人工智能人才。

第四章

北京大学人工智能交叉方向研究生培养体系

4.1 硕士研究生的培养目标和要求

4.1.1 培养目标、学习年限和学分要求

北京大学人工智能交叉方向硕士研究生的培养目标是：培养具备全球学科前沿视野，具有良好的人文素质和健康的体魄，高层次、高素质、创新型、交叉复合型人工智能人才。所培养的硕士毕业生应掌握坚实宽广的人工智能基础理论知识和相关交叉学科知识；学风严谨，品行端正，具有很强的事业心和献身精神；具有扎实的理论基础、合理的知识结构、独立分析问题和解决问题的能力；掌握一门外语，能熟练地阅读本交叉方向的外文资料，并具有良好的外文写作能力；能够胜任高等学校、科研机构及相关产业部门的研究和技术开发工作，并可继续攻读智能科学以及相关技术学科、交叉学科的博士学位。

学习年限为3年，应修总学分为31学分，其中必修10学分，专业限选9学分，选修12学分。具体地，必修10学分：思政3学分、外语2学分（港澳台学生、留学生的培养计划略有不同，按实际情况执行）、论文写作2学分、人工智能交叉方向必修3学分；专业限选9学分：人工智能交叉方向限选；选修12学分：交叉学科选修。

4.1.2 科研能力与水平的基本要求

对于本交叉方向硕士研究生，要求掌握人工智能学科及相关交叉学科坚实的基础理论和系统的专业知识，具备独立分析问题和解决问题的能力，对所研究的课题有新的见解，取得新的成果，并了解相关的学术研究动态。

4.1.3 学位论文的基本要求

学位论文应表明作者在本学科上掌握坚实的理论基础和系统的专业知识，具有从事科学研究工作或独立担负专业技术工作的能力，对所研究的课题有新见解、新成果。

学位论文必须是一篇系统完整的学术论文，符合学术规范的要求。

4.2 博士研究生的培养目标和要求

为了避免重复，下面以直博生为例介绍北京大学人工智能交叉方向博士研究生的培养目标和要求。

4.2.1 培养目标、学习年限和学分要求

北京大学人工智能交叉方向博士研究生的培养目标是：培养具备全球学科前沿视野，具有良好的人文素质和健康的体魄，高层次、高素质、创新型、交叉复合型人工智能交叉学科学术带头人。所培养出的博士毕业生应掌握坚实宽广的人工智能专业基础理论知识和相关交叉学科知识；学风严谨，品行端正，具有很强的事业心和献身精神；具备独立从事科学研究工作的能力，在科学研究或专门技术上做出创造性的成果；掌握一门外语，能熟练地阅读本交叉方向所涉的外文资料，并具有很好的外文写作能力；能够胜任高等学校、科研机构及相关产业部门的研究、教学和技术开发工作。

学习年限为5年，应修总学分为40学分，其中必修13学分、专业限选9学分、选修18学分。具体地，必修13学分：思政2学分、外语2学分、人工智能专题研讨4学分、论文写作2学分、人工智能交叉方向必修3学分；专业限选9学分：人工智能交叉方向限选；选修18学分：交叉学科选修12学分、人工智能深度交叉选修6学分。

4.2.2 学科综合考试的基本要求

学科综合考试就是综合测试学科基础知识和具有研究方向特色的专业技能。考试内容包括导师所指定学习的基本理论、专业知识、相关学科知识以及分析问题和解决问题能力的测试。

直博生在博士入学后第四学期末之前进行学科综合考试，并不得以学位论文的选题报告代替学科综合考试，具体考试办法和要求参见《北京大学研究生手册》中的“北京

大学博士研究生学科综合考试实施细则”。

考试方式可以是口试或笔试，也可以是口试和笔试相结合。考试委员会成员应由本学科和相关学科的5名专家组成。考试委员会主席由教授（或相当职称的专家）担任；导师可以参加考试委员会，但不能担任主席。考试委员会须经本学科学位评定委员会主席或学院主管研究生工作的领导审核同意，方可对学生进行考核。考试委员会成员三分之二以上（含三分之二）赞成合格，方为通过综合考试。

考试成绩按“合格”和“不合格”两级评定。成绩不合格者，3个月后可以补考一次。补考仍不合格者，予以退学，经学院主管研究生工作的领导审查后，报研究生院批准。

4.2.3　科研能力与水平的基本要求

对于本交叉方向博士研究生，毕业时要求掌握坚实宽广的人工智能学科与交叉学科的基础理论和系统、深入的专业知识，具有独立从事科学研究工作的能力；在导师和指导小组的指导和帮助下，独立完成选定的课题，并在科学研究或专门技术上取得创新性成果；能熟练地阅读本交叉方向所涉及的外文资料，并具有很好的外文写作能力；通过培养方案所规定的课程考试和论文答辩，成绩合格。

博士研究生应当面向智能学科世界科技前沿，或者面向国家战略需求，做出原创性的科研成果并发表或发布创新成果；博士学位论文应达到国际一流高校人工智能专业近年来的博士论文水平。创新成果包括：

1. 学术论文、学术专著：以北京大学为第一作者单位，本人为第一作者（导师为第一作者时，本人可为第二作者）在本交叉方向重要期刊或会议发表（或接受发表）的学术论文；以北京大学为第一作者单位，本人为第一作者（导师为第一作者时，本人可为第二作者）在知名学术出版社出版（或接受出版）的专著或章节。

2. 原创系统与平台、专利、软件著作权：作为重大课题攻关的主要参与者开发原创系统或平台，并获得相应专利授权（或接受申请）或软件著作权，具体贡献由课题攻关团队做出书面说明；若成果包含开源系统和代码，应出具系统和代码被广泛采用的情况说明。

3. 其他类型科研成果：创新性由博士生指导小组和本交叉方向所属学科评议组组织评定。

4.2.4　学位论文的基本要求

博士研究生学位论文的选题，应符合本学科的发展方向，尽可能结合国家科学研究任务，或对社会主义现代化建设具有较大意义。选题报告一般应在综合考试后一年内完成，从选题报告通过至申请博士学位论文答辩的时间一般不少于一学年。

博士研究生应对所研究的课题做出创造性成果，并在理论或实践上对国家建设或本学科发展具有较大的意义。博士学位论文应当表明作者具备在本学科独立从事科学研究工作的能力。博士研究生在全部完成课程学习和科学研究任务并在学位论文答辩前3个月完成预答辩后，方可提交博士学位论文并按照北京大学有关规定和程序申请博士学位论文答辩。

博士学位论文必须是系统完整的学位论文，使用规范的语言，必须完整正确、文字通顺、图表规范，要严格按照《北京大学研究生手册》中“北京大学研究生学位论文的基本要求与书写格式”的规定撰写，并打印。

4.3 研究方向设置

研究方向按照大方向和小方向两级进行设置，情况如下：

1. 人工智能与人文社科，下分5个小方向：1-1人工智能与法学，1-2人工智能与经济，1-3数字人文，1-4计算艺术，1-5计算社会科学。

2. 人工智能与信息工程，下分4个小方向：2-1人工智能芯片，2-2智能系统软件，2-3类脑视觉感知，2-4通用人工智能。

3. 人工智能与医学，下分3个小方向：3-1健康数据科学，3-2智慧公众健康，3-3智能医疗。

4. 人工智能与理学，目前下含一个小方向：4-1智能地球科学。

各小方向的简介如下：

1-1人工智能与法学

本方向研究人工智能技术运用中呈现的法学问题，包括人工智能赋能法律的理论与现实，即法治实践的智能化问题，以及如何通过法律对人工智能进行规制与治理，即智能技术的法治化问题。以上两方面问题的研究均具有重要的现实意义，是未来人工智能领域与法学学科相交叉的重要研究方向。人工智能与法学方向以培养“人工智能+法学”复合型人才的战略部署为指导，为实现数字空间中的网络主权、秩序维护及规则建构，培养深谙人工智能法律治理与制度的“规则类”人才和精通人工智能在法律各职业领域具体应用的“技术类”人才。在培养过程中突破认知局限，培养学生从多视角采取交叉思维的方式进行跨学科研究，养成人工智能时代的规则意识，满足法律科技蓬勃兴起以及传统法律服务智能化转型等大趋势下对“人工智能+法学”复合型人才的需求。

1-2人工智能与经济

当今信息科技全面推动各种实体经济、网络经济、平台经济、数字经济蓬勃发展，特别是人工智能的涌现为经济学研究带来了新的研究方法和研究问题，同时经济中的现实问题也对人工智能技术发展提出了新的要求。本方向致力于促进人工智能与经济学的深度融合，培养兼具人工智能技术和经济学思维的博士研究生，鼓励开展深度交叉、引领世界的研究，为企业界和政府输送新型人才，是一个面向未来的研究方向。

1-3数字人文

数字人文方向主要将人工智能、计算统计、可视化等技术手段运用于历史、文学、哲学、考古学等人文领域的研究对象，展开超长历史时段的大跨度文化研究，为数字化、智能化信息环境下的人文研究提供新方法、新工具，形成新研究范式，是人文与科技融合发展的前沿学术阵地。

1-4计算艺术

计算艺术方向主要研究人工智能技术与艺术创作和研究的交叉内容，探索中国传统艺术资源在数字计算时代的创新性意义，将人工智能应用于艺术创作、艺术展览和艺术研究中，尝试通过人工智能去分析和阐释艺术活动中的人类智能现象，以达到人工智能与艺术家智能共同协作，提升人类的审美感知的目标。

1-5计算社会科学

人工智能与社会科学交叉研究迅速崛起，利用先进的智能技术和软硬件信息平台对复杂的人类行为及社会运行进行深入、精细的跨学科研究，大大提高了人们理解、分析和预测社会规律的能力。人工智能的飞速发展和大规模社会数据的积累等创造的有利条件，使得“计算社会科学”方向应运而生。计算社会科学为人们提供了重要的观察和分析人类社会复杂行为模式的科研方法。作为重要的新兴前沿交叉学科方向，计算社会科学成为人文社科在人工智能时代所呈现出的新发展和新路径的代表之一。

2-1人工智能芯片

人工智能技术的飞速发展，离不开其底层集成电路芯片的创新和支撑。高算力和高能效的智能芯片已经成为人工智能算法持续演进和广泛应用部署的关键，同时人工智能算法的进步又提高了集成电路的自动化设计水平。本方向聚焦新一代智能芯片的研究，主要内容包括：人工智能算法硬件协同设计、深度学习加速器电路、神经拟态器件与芯片、智能SoC体系结构、新型计算和存储范式、智能EDA电路设计工具等。本方向深度交叉融合人工智能和集成电路专业，具有深厚的理论背景和鲜明的工程特色，使学生在掌握人工智能算法和理论的基础上，进一步学习半导体器件、电路设计、体系结构等集成电路专业知识，打通算法和硬件之间的壁垒，在提升学术创新能力的同时又具备较强的工程实现能力，助其成长为复合型人才。

2-2智能系统软件

智能系统软件方向主要研究大数据驱动的人工智能新型基础软件理论与技术体系，包括人工智能基础软件模型、软件工程方法、开发工具环境、运行支撑系统、安全保障机制等，涵盖数据智能全生命周期，解决大数据、智能及计算机体系结构相关的基础理论与共性关键技术问题。

2-3类脑视觉感知

类脑视觉感知方向研究视觉系统精细神经结构和信号加工机理，构建类脑的信息编码和处理模型，以期研制出功能类似于生物、性能超越生物的类脑视觉芯片和系统，实现低功耗、高动态、高速、高灵敏度和高鲁棒性的类脑感知。本方向属于脑科学与人工智能交叉方向，一方面研究生物视觉的神经网络结构和信息加工原理，另一方面借鉴生物视觉结构和机理发展类脑视觉感知模型，探索机器视觉研究的新途径。

2-4通用人工智能

通用人工智能方向研究计算机视觉、自然语言处理、机器学习、多智能体、认知推理、机器人学以及它们之间的交叉融通，探寻通用人工智能理论与方法，打造通用人工智能体。

3-1健康数据科学

健康数据科学方向采用跨学科的思路和方法挖掘健康医疗数据的价值，以解决医疗大数据应用中的共性关键问题，并结合医学领域知识形成洞察力，最终赋能健康医疗实践。其应用领域包含健康医疗大数据标准化治理体系建设、临床决策支持系统研发、数据驱动的卫生管理与政策研究等。

3-2智慧公众健康

智慧公众健康方向主要围绕重大疾病防控等重点公共卫生问题，开展智能防控策略与技术的研发和应用研究，包括大数据驱动的重大疾病防控管理模式研究、针对特定人群的主动服务、监测与教育系统建设研究等。

3-3智能医疗

智能医疗方向主要研究人工智能、大数据、物联网、5G、区块链等前沿科学技术与临床医疗实践的深度融合与应用，开发智能化诊疗方法与技术并应用于临床，以助力疾病精准诊疗与智能管理。

4-1智能地球科学

智能地球科学面向国际研究前沿和国家重大需求，开展人工智能与地球科学的交叉融合创新，以实现智慧宜居地球的愿景。其主要研究内容包括：智能油气勘探、智能地震预警、智慧城市、智能遥感、深部地球探测、智慧环境科学、智慧行星科学。本方向定位清晰，培养智能地球科学应用创新的人才；利用人工智能核心技术突破地球科学的研究瓶颈，以在油气地球物理勘探、地震预警等部分方向实现跨越式发展；为智慧宜居地球、智慧油田等重大战略规划领域输送一流人才；实现人工智能与地球科学深度交叉，双向相互驱动，发展新学科增长点。

4.4 课程设置

为了避免重复，以下仅介绍基于已有课程的直博生课程设置。

课程分必修、专业限选、交叉选修、深度交叉选修四类，其中交叉选修课根据不同的研究方向替换。课程设置如下表所示：

必修	基础必修（5门，10学分，其中公共必修2门，4学分；专业必修3门，6学分）
	人工智能交叉方向必修（1门，3学分）
专业限选（任选3门，9学分）	
交叉选修（任选4门，12学分）	
深度交叉选修（任选2门，6学分）	

课程的编码方式按“大方向序号+小方向序号+课程类别+课程序号”的方式给出，其中交叉选修课以研究方向1-1（人工智能与法学）为例，其他研究方向的交叉选修课用后面附的相应研究方向交叉选修课替代；序号以“0-0”开头的课程表示所有方向的公共课。

4.4.1　必修课

课程编码	课 程 名 称	课程英文名称	学分	总学时
0-0-0-1	中国马克思主义与当代	Chinese Marxism and Its Modern Effect	2	32
0-0-0-2	研究生学术英语写作	Academic English Writing for Graduate Students	2	36
0-0-0-3	科技论文写作	Scientific Writing	2	48
0-0-0-4	人工智能研讨（Ⅰ）	Study of AI Seminar（Ⅰ）	2	48
0-0-0-5	人工智能研讨（Ⅱ）	Study of AI Seminar（Ⅱ）	2	48
0-0-1-1	信息与智能科学导论	Introduction to Information and Intelligence Science	3	48

4.4.2　专业限选课（任选 3 门）

课程编码	课 程 名 称	课程英文名称	学分	总学时
0-0-2-1	人工智能中的数学与概率统计	The Mathematics, Probability and Statistics in AI	3	48
0-0-2-2	计算机视觉（Ⅰ）：早期与中层视觉	Computer Vision （Ⅰ）: Early and Mid-level Computer Vision	3	48
0-0-2-3	机器学习 A	Machine Learning A	3	48
0-0-2-4	自然语言处理	Natural Language Processing	3	48
0-0-2-5	脑、认知与计算	Brain, Cognition and Computing	3	48
0-0-2-6	多智能体系统	Multi-agent Systems	3	48
0-0-2-7	机器人动力学与控制	Introduction to Robotics: Dynamics and Control	3	48

4.4.3 交叉选修课（任选 4 门）

课程编码	课 程 名 称	英文名称	学分	总学时
1-1-3-1	法理学专题	Special Topics on Jurisprudence	3	48
1-1-3-2	刑法专题	Special Topics on Criminal Law	3	48
1-1-3-3	民法专题	Special Topics on Civil Law	3	48
1-1-3-4	民事诉讼法	Civil Procedure Law	3	48
1-1-3-5	刑事诉讼法	Criminal Procedure Law	3	48
1-1-3-6	经济法专题	Special Topicson Economic Law	3	48
1-1-3-7	行政法与行政诉讼法	Administration Law and Administrative Procedure Law	3	48
1-1-3-8	高新技术知识产权保护	Protection of New/ High-tech Intellectual Property	3	48

4.4.4 深度交叉选修课（任选 2 门）

课程编码	课 程 名 称	课程英文名称	学分	总学时
0-0-4-1	人工智能的法律治理	Legal Governance of AI	3	48
0-0-4-2	法律人工智能	AI for Law	3	48
0-0-4-3	人类语言与人工智能（本研合上）	Human Languages and AI	2	34
0-0-4-4	数字人文的理论与方法（本研合上）	Introduction to Digital Humanities	2	34
0-0-4-5	大数据方法在地球科学中的应用	Applications of Big Data Method in Earth Science	2	34
0-0-4-6	智慧城市导论	Introduction to Smart Cities	2	32
0-0-4-7	智能地球科学专题	Selected Topics on Intelligent Geoscience	2	34
0-0-4-8	人工智能地球科学基础	Fundamentals of AI Geoscience	2	34
0-0-4-9	人工智能与生命科学	AI and Life Science	1	16
0-0-4-10	开放数据获取与医学知识发现	Open Data Search and Medical Knowledge Discovery	1.5	28
0-0-4-11	健康数据可视化	Visualization for Health Data	2	32
0-0-4-12	多模态医学图像分析	Multi-modal Medical Image Analysis	1.5	28
0-0-4-13	健康医疗时序数据中的机器学习算法	Machine Learning for Temporal Medical Data	2	32
0-0-4-14	人工智能与商业创新	AI and Business Innovation	2	32
0-0-4-15	计算经济学	Computational Economics	2	32
0-0-4-16	量化经济学	Quantitative Economics	2	32
0-0-4-17	数理经济学	Mathematical Economics	2	32
0-0-4-18	动力学分析	Dynamics Analysis	3	48
0-0-4-19	高等机器人学	Advanced Robotics	3	48
0-0-4-20	先进机器人控制	Advanced Robot Control	3	48
0-0-4-21	智能仿生机器	Intelligent Biomimetic Machines	3	48
0-0-4-22	知觉和注意专题	Seminar on Perception and Attention	2	32
0-0-4-23	认知神经科学专题	Seminar on Cognitive Neuroscience	3	48
0-0-4-24	计算建模在心理学和神经科学中的应用	Computational Modeling for Psychology and Neuroscience	2	32

根据不同研究方向，交叉选修课可选择不同课程，具体如下：

研究方向1-2：人工智能与经济的交叉选修课

课程编码	课 程 名 称	课程英文名称	学分	总学时
1-2-3-1	高级宏观经济学（Ⅰ）	Advanced Macroeconomics（Ⅰ）	3	48
1-2-3-2	高级经济计量学（Ⅰ）	Advanced Econometrics（Ⅰ）	3	48
1-2-3-3	高级微观经济学（Ⅰ）	Advanced Microeconomics（Ⅰ）	3	48
1-2-3-4	高级公共经济学	Advanced Public Economics	3	48
1-2-3-5	金融工程学	Financial Engineering	3	48
1-2-3-6	社会保险理论与实践	Social Insurance: Theory and Practice	3	48
1-2-3-7	高级信息经济学	The Advanced Economics of Information	3	48

研究方向1-3，1-4，1-5：数字人文、计算艺术和计算社会科学的交叉选修课

课程编码	课 程 名 称	课程英文名称	学分	总学时
1-3-3-1	古典文献学基础（本）	Introduction to Ancient Chinese Classics and Archives	3	48
1-3-3-2	古代文献研究中的数字人文方法：初级（本）	Digital Humanities Methods in the Study of Ancient Chinese Texts: A Primer Course	3	48
1-3-3-3	中国历史文选（本）	Selected Readings in Chinese History	4	54
1-3-3-4	中国历史文化导论（本）	China: An Introduction to Cultural History	4	54
1-3-3-5	中国哲学（本）	Chinese Philosophy	3	48
1-3-3-6	西方史学理论（本）	Western Historical Theories	3	48
1-4-3-1	艺术理论：前沿与方法（研）	Arts Theory: Frontiers and Methods	3	48
1-4-3-2	艺术批评专题（硕）	Special Topics in Art Criticism	3	48
1-5-3-1	网络大数据管理理论和应用	Big Data Management in Internet: Theory and Application	3	48
1-5-3-2	大数据分布式计算	Big Data Distributed Computing	3	48
1-5-3-3	大数据挖掘与分析	Big Data Mining and Analysis	2	34
1-5-3-4	数据库原理与技术	Database Theory and Technology	3	48

研究方向2-1：人工智能芯片的交叉选修课

课程编码	课 程 名 称	课程英文名称	学分	总学时
2-1-3-1	VLSI 电路分析与设计	Analysis and Design of Digital VLSI	3	48
2-1-3-2	VLSI 新工艺技术	New Technology of VLSI	3	48
2-1-3-3	人工智能芯片：设计与实践	AI ASIC: Design and Practice	3	48
2-1-3-4	半导体器件物理	Physics of Semiconductor Devices	3	48
2-1-3-5	低功耗 CMOS 集成电路设计	Low Power Design for CMOS Intergrated Circuits	3	48
2-1-3-6	基于自动测试机台的集成电路测试实验	Integrated Circuit Testing Lab Exercises Based on ATE	3	48
2-1-3-7	深度学习硬件处理器	Deep Learning Hardware Processor	3	48
2-1-3-8	新型计算架构设计	Novel Computing Architectures	3	48
2-1-3-9	设计自动化与计算系统导论	Introduction to Design Automation and Computing Systems	3	48
2-1-3-10	集成电路工程算法基础	Algorithm Foundations for IC Engineering	3	48

研究方向2-2：智能系统软件的交叉选修课

课程编码	课 程 名 称	课程英文名称	学分	总学时
2-2-3-1	分布式机器学习理论与系统	Theory and System of Distributed Machine Learning	3	48
2-2-3-2	分布式系统概念与设计	Principle and Design of Distributed System	3	48
2-2-3-3	系统软件学术前沿	Frontier of System Software	3	48
2-2-3-4	软件测试与分析	Software Testing and Analytics	3	48
2-2-3-5	面向对象分析与设计	Objected-Oriented Analysis and Design	3	48
2-2-3-6	移动计算与无线网络	Mobile Computing and Wireless Network	3	48
2-2-3-7	高等计算机体系结构	Advanced Computer Architecture	3	48
2-2-3-8	形式语言与自动机引论	Introduction to Formal Language and Automata	3	48
2-2-3-9	高级编译技术	Advanced Compiler	3	48

研究方向2-3：类脑视觉感知的交叉选修课

课程编码	课 程 名 称	课程英文名称	学分	总学时
2-3-3-1	计算神经科学	Computational Neuroscience	3	48
2-3-3-2	神经生物学	Neurobiology	4	72
2-3-3-3	神经生物学进展	Neurobiological Advances	2	32
2-3-3-4	视觉系统	Vision System	2	32
2-3-3-5	高级神经生物学	Advanced Neurobiology	4	64
2-3-3-6	视觉与视觉神经科学	Vision and Visual Neuroscience	2	32
2-3-3-7	视觉科学专题（Ⅰ）	Special Topics in Vision Science（Ⅰ）	2	32
2-3-3-8	心理、神经、脑科学基础	Basics of Psychological/Neurological/Brain Science	2	32

研究方向2-4：通用人工智能的交叉选修课

课程编码	课 程 名 称	课程英文名称	学分	总学时
2-4-3-1	神经网络与深度学习	Neural Networks and Deep Learning	3	48
2-4-3-2	机器学习中的优化方法	Optimization Methods in Machine Learning	3	48
2-4-3-3	海量图数据的管理和挖掘	Managing and Mining Large Graph	3	48
2-4-3-4	计算语言学	Computational Linguistics	3	48
2-4-3-5	计算视觉理论、模型与方法	Theories, Models and Methods of Computational Vision	3	48
2-4-3-6	数字图像处理	Digital Image Processing	3	48
2-4-3-7	仿真模型与智慧决策	Simulation Model and Smart Decision	2	32
2-4-3-8	摄动系统控制	Control of Perturbed Systems	3	48
2-4-3-9	复杂系统控制专题	Special Topics on Control of Complex Systems	3	48
2-4-3-10	算法博弈论	Algorithmic Game Theory	3	48
2-4-3-11	深度与强化学习	Deep Learning and Reinforcement Learning	3	48
2-4-3-12	人类语言与通信机理	Human Language and Human-machine Communication	3	48
2-4-3-13	语义计算与知识图谱	Semantic Computing and Knowledge Graph	3	48
2-4-3-14	计算机视觉（Ⅱ）：高层视觉	Computer Vision（Ⅱ）: High-Level Computer Vision	3	48
2-4-3-15	计算机视觉（Ⅲ）：三维视觉	Computer Vision（Ⅲ）: 3D Computer Vision	3	48
2-4-3-16	物理与社会常识建模与计算	Cognitive Models for Visual Commonsense	3	48
2-4-3-17	概率与因果的模型与推理	Probabilistic and Causal Modeling and Reasoning	3	48

研究方向3-1，3-2，3-3：人工智能与医学的交叉选修课

课程编码	课 程 名 称	课程英文名称	学分	总学时
3-3-1	健康数据科学概论	Introduction to Health Data Science	2	32
3-3-2	医学科研数据挖掘	Data Mining of Medical Research	1.5	28
3-3-3	流行病学研究方法（Ⅱ）（研究设计）	Epidemiological Research Method（Ⅱ）（Study Design）	1.5	28
3-3-4	健康医疗大数据分析与智能决策：方法与实践	Big Data Analytics and Intelligent Decision Making in Medicine: Methods and Practice	1.5	28
3-3-5	药物流行病学	Pharmacological Epidemiology	1	20
3-3-6	SAS 统计软件入门	Getting Started with SAS	1	20
3-3-7	生物信息学方法和应用	Bioinformatics Methods and Applications	3	48
3-3-8	高级病理生理学	Advanced Pathophysiology	1.5	27
3-3-9	人类疾病的分子基础	Molecular Basis of Human Diseases	2	39
3-3-10	医学影像技术学	Medical Imaging Technology	2	45

研究方向4-1：智能地球科学的交叉选修课

课程编码	课 程 名 称	课程英文名称	学分	总学时
4-1-3-1	空间信息智能处理	Intelligent Processing of Spatial Information	2	34
4-1-3-2	地球物理反演理论及其应用	Geophysics Inversion Theory and Its Applications	3	48
4-1-3-3	高级遥感数字图像处理	Advanced Remote Sensing Digital Image Processing	3	48
4-1-3-4	面向应用的遥感数据分析方法	Application-oriented Analytical Method of RS Data	2	32
4-1-3-5	高级地理信息系统	Advanced GIS（Geographic Information System）	3	48
4-1-3-6	地球物理专题研讨（Ⅱ）	Geophysics Seminar （Ⅱ）	1	16
4-1-3-7	现代应用地球物理学	Contemporary Applied Geophysics	3	51
4-1-3-8	环境科学与工程前沿	Frontiers of Environmental Science and Engineering	2	51
4-1-3-9	环境系统分析	Analysis of Environmental System	2	32
4-1-3-10	环境研究方法	Methodology of Environmental Science	3	48

4.5 必读重要书目与经典论文

研究方向1-1：人工智能与法学

[1] 沈宗灵. 法理学. 北京大学出版社, 2014.

ISBN: 9787301249994

[2] [美]凯文·D. 阿什利. 人工智能与法律解析： 数字时代法律实践的新工具. 商务印书馆, 2020.

ISBN: 9787100190244

[3] 杨晓雷. 人工智能治理研究. 北京大学出版社, 2022.

ISBN: 9787301331071

[4] [美]博登海默 E. 法理学：法律哲学与法律方法. 中国政法大学出版社，2017.

ISBN: 9787562072935

[5] [美]罗斯科・庞德. 通过法律的社会控制. 商务印书馆，2008.

ISBN: 9787100048989

研究方向1-2：人工智能与经济

[1] Ljungqvist L, Sargent T J. Recursive Macroeconomics Theory. 2nd Edition. The MIT Press, 2004.

ISBN: 9780262122740

[2] Mas-Colell A, Whinston M D, Green J R. Microeconomic Theory. Oxford University Press, 1995.

ISBN: 9780195073409

研究方向1-3：数字人文

[1] 董洪利. 古典文献学基础. 北京大学出版社, 2008.

ISBN: 9787301129807

[2] 冯友兰. 中国现代哲学史. 广东人民出版社, 2019.

ISBN: 9787218137810

[3] 荣新江. 学术训练与学术规范：中国古代史研究入门. 北京大学出版社, 2011.

ISBN: 9787301186657

[4] 陈寅恪. 隋唐制度渊源略论稿 唐代政治史述论稿. 生活・读书・新知三联书店, 2011.

ISBN: 9787108034953

[5] Crompton C, Lane R J, Siemens R. Doing Digital Humanities: Practice, Training, Research. Routledge, 2016.

ISBN: 9781138899445

[6] Arthur P L, Bode K. Advancing Digital Humanities: Research, Methods, Theories. Palgrave Macmillan, 2014.

ISBN: 9781137337009

研究方向1-4：计算艺术

[1] 叶朗. 中国美学史大纲. 上海人民出版社, 1985.

ISBN: 9787208027398

[2] 李泽厚. 美的历程. 人民文学出版社, 2021.

ISBN: 9787020165292

[3] [英] 马库斯・杜・索托伊. 天才与算法：人脑与AI的数学思维. 机械工业出版社, 2020.

ISBN: 9787111647140

[4] 李四达. 艺术与科技概论. 中国铁道出版社, 2019.

ISBN: 9787113256517

[5] Suzuki Y, Nakagawa K, Sugiyama T, et al. Computational Aesthetics. Springer, 2019.

ISBN: 9784431568421

研究方向1-5：计算社会科学

[1] Lazer D, Pentland A, Adamic L, et al. Computational Social Science. Science, 2009, 323（5915）.

研究方向2-1：人工智能芯片

[1] Sze V, Chen Y-H, Yang T-J, et al. Efficient Processing of Deep Neural Networks. Morgan & Claypool, 2020.

ISBN: 9781681738314

[2] von Neumann J. The Computer and the Brain. 3rd Edition. Yale University Press, 2012.

ISBN: 9780300181111

[3] Behzad, Razavi. Design of Analog CMOS Integrated Circuits. 2nd Edition. McGraw-Hill, 2017.

ISBN: 9780072524932

[4] Feynman R P. Feynman Lectures on Computation. CRC Press, 2023.

ISBN: 9781032415888

[5] Borghetti J, Snider G S, Kuekes P J, et al. 'Memristive' Switches Enable 'Stateful' Logic Operations via Material Implication. Nature, 2010, 464.

研究方向2-2：智能系统软件

[1] Tanenbaum A S. Distributed Systems. 3rd Edition, Maarten van Steen, 2017.

ISBN: 9781543057386

[2] Stoica I, Song D, Popa R A, et al. A Berkeley View of Systems Challenges for AI. No.UCB/EECS-2017-159.

[3] Proceedings of USENIX Symposium on Operating Systems Design and Implementation. USENIX Association.

[4] Proceedings of Machine Learning and Systems. ACM.

研究方向2-3：类脑视觉感知

[1] Kreiman G. Biological and Computer Vision. Cambridge University Press, 2021.

ISBN: 9781108705004

[2] [美]骆利群. 神经生物学原理. 高等教育出版社, 2018.
ISBN: 9787040487411

[3] Dayan P, Abbott L F. Theoretical Neuroscience: Computational and Mathematical Modeling of Neural Systems. The MIT Press, 2005.
ISBN: 9780262541855

[4] Gerstner W, Kistler W M, Naud R, et al. Neuronal Dynamics: From Single Neurons to Networks and Models of Lognition. Cambridge University Press, 2014.
ISBN: 9781107635197

研究方向2-4：通用人工智能

[1] 周志华. 机器学习. 清华大学出版社, 2016.
ISBN: 9787302423287

[2] 李航. 机器学习方法. 清华大学出版社, 2022.
ISBN: 9787302597308

[3] Murphy K P. Machine Learning: A Probabilistic Perspective. The MIT Press, 2012.
ISBN: 9780262018029

[4] Goodfellow I, Bengio Y, Courville A. Deep Learning. The MIT Press, 2016.
ISBN: 9780262035613

[5] Sutton R S, Barto A G. Reinforcement Learning: An Introduction. 2nd Edition. The MIT Press, 2018.
ISBN: 9780262039246

[6] Jurafsky D, Martin J H. Speech and Language Processing: An Introduction to Natural Language Processing Computational Linguistics, and Speech Recognition. Prentice-Hall, 2008.
ISBN: 9780130950697

[7] Forsyth D A, Ponce J. Computer Vision: A Modern Approach. 2nd Edition. Pearson, 2012.
ISBN: 9780136085928

[8] Zhu S-C, Wu Y-N. Computer Vision: Statistical Models for Marr's Paradigm. Springer, 2023.
ISBN: 9783030965297

[9] Zhu S-C, Huang S-Y. Computer Vision: Stochastic Grammars for Parsing Objects, Scenes, and Events. Springer, 2024.
ISBN: 待出版

[10] Khalil H K. Nonlinear Systems. 3rd Edition. Pearson, 2001.
ISBN: 9780130673893

[11] 郑大钟. 线性系统理论. 2版. 清华大学出版社, 2002.

ISBN: 9787302055013

[12] Bertsekas D P, Tsitsiklis J N. Neuro-dynamic Programming. Athena Scientific, 1996.

ISBN: 9781886529106

[13] Lynch K M, Park F C. Modern Robotics: Mechanics, Planning, and Control. Cambridge University Press, 2017.

ISBN: 9781107156302

[14] Craig J. Introduction to Robotics: Mechanics and Control. 4th Edition. Pearson, 2017.

ISBN: 9780133489798

[15] Gibson J J. The Ecological Approach to Visual Perception. Psychology Press, 2015.

ISBN: 9781848725782

[16] Peart J. Causality: Models, Reasoning, and Inference. 2nd Edition. Cambridge University Press, 2009.

ISBN: 9780521895606

[17] Tomasello M. Origins of Human Communication. A Bradford Books, The MIT Press, 2008.

ISBN: 9780262201773

[18] Carey S. The Origin of Concepts. Oxford University Press, 2009.

ISBN: 9780195367638

[19] Gazzaniga M S, Ivry R B, Mangun G R. Cognitive Neuroscience: The Biology of the Mind. 5th Edition. W W Norton & Company, 2019.

ISBN号: 9780393603170

研究方向3-1：健康数据科学

[1] 张路霞，韩鸿宾. 健康数据科学导论. 北京大学医学出版社, 2022.

ISBN: 9787565926617

[2] Consoli S, Recupero D R, Petković M. Data Science for Healthcare: Methodologies and Applications. Springer, 2019.

ISBN: 9783030052485

[3] MIT Critical Data. Secondary Analysis of Electronic Health Records. Springer, 2016.

ISBN: 9783319437408

[4] Kuhn M, Johnson K. Applied Predictive Modeling. Springer, 2013.

ISBN: 9781461468486

研究方向3-2：智慧公众健康

[1] Keyes K M, Galea S. Epidemiology Matters: A New Introduction to Methodological Foundations. Oxford University Press, 2014.

ISBN: 9780199331246

[2] Lash T L, VanderWeele T J, Haneuse S, et al. Modern Epidemiology. 4th Edition. Wolters Kluwer, 2021.

ISBN: 9781451193282

[3] 薛毅，陈立萍. 统计建模与R软件. 清华大学出版社, 2007.

ISBN: 9787302143666

[4] Anderson R M, May R M. Infectious Diseases of Humans: Dynamics and Control. Reprint. Oxford University Press, 1992.

ISBN: 9780198540403

研究方向3-3：智能医疗

[1] Kubben P, Dumontier M, Dekker A. Fundamentals of Clinical Data Science. Springer, 2019.

ISBN: 9783319997124

研究方向4-1：智能地球科学

[1] Yilmaz Öz. Seismic Data Analysis: Processing, Inversion, and Interpretation of Seismic Data: Volume I. Society of Exploration Geophysicists, 2001.

ISBN: 9781560800989

[2] Bergen K J, Johnson P A, de Hoop M V, et al. Machine Learning for Data-driven Discovery in Solid Earth Geoscience. Science, 2019, 363（6433）.

[3] DeVries P M R, Viégas F, Wattenberg M, et al. Deep Learning of Aftershock Patterns Following Large Earthquakes. Nature, 2018, 560.

[4] Reichstein M, Camps-Valls G, Stevens B, et al. Deep Learning and Process Understanding for Data-driven Earth System Science. Nature, 2019, 566.

[5] Yu S, Ma J. Deep Learning for Geophysics: Current and Future Trends. Reviews of Geophysics, 2021, 59（3）.

第五章

北京大学智能科学与技术专业研究生培养体系

5.1 硕士研究生的培养目标和要求

5.1.1 培养目标、学习年限和学分要求

北京大学智能科学与技术专业硕士研究生的培养目标是：培养掌握坚实的智能科学与技术专业基础理论知识，具有利用原理、方法和新技术进行系统分析、设计与开发的能力，并了解当前国内外最新发展动态的人才。所培养的硕士毕业生应具有扎实的理论基础、合理的知识结构、独立分析问题和解决问题的能力，能够承担科学研究与工程课题，并可继续攻读智能科学以及相关技术学科、交叉学科的博士学位。

学习年限是3年，应修总学分为31学分，其中公共必修12学分，专业必修14学分，专业限选0学分，选修5学分。港澳台学生、留学生的培养计划略有不同，按实际情况执行。

5.1.2 科研能力与水平的基本要求

对于本专业硕士研究生，要求掌握本学科坚实的基础理论和系统的专业知识，具备独立分析问题和解决问题的能力，对所研究的课题有新的见解，取得新的成果，并了解相关的学术研究动态。

5.1.3 学位论文的基本要求

学位论文应表明作者在本学科上掌握坚实的理论基础和系统的专业知识，具有从事科学研究工作或独立担负专业技术工作的能力，对所研究的课题有新见解、新成果。

学位论文必须是一篇系统完整的学术论文，符合学术规范的要求。

5.2 博士研究生的培养目标和要求

5.2.1 培养目标、学习年限和学分要求

北京大学智能科学与技术专业博士研究生的培养目标是：培养具备全球学科前沿视野，具有良好的人文素养和健康的体魄，高层次、高素质、创新型、复合型智能科学与技术交叉学科学术带头人。所培养出的博士毕业生应掌握坚实宽广的智能科学与技术专业基础理论知识；学风严谨，品行端正，有较强的事业心和献身精神；在相应的研究方向上掌握系统、深入的专业理论知识、技术与方法，并且掌握一定的相关学科知识，具备独立从事科学工作研究的能力，在科学研究或专业技术上做出创造性的成果；掌握一门外语，能熟练地阅读本专业的外文资料，并具有很好的外文写作能力；能够胜任高等学校、科研机构及相关产业部门的研究、教学和技术开发工作。

直博生和硕博连读生的学习年限是5年，应修总学分为40学分，其中公共必修11学分，专业必修28学分，专业限选0学分，选修1学分。

普博生的学习年限是4年，应修总学分为18学分，其中公共必修6学分，专业必修8学分，专业限选0学分，选修4学分。

5.2.2 学科综合考试的基本要求

学科综合考试就是综合测试学科基础知识和具有研究方向特色的专业技能。考试内容包括导师所指定学习的基本理论、专业知识、相关学科知识以及分析问题和解决问题能力的测试。

直博生、硕博连读生和普博生应分别在博士入学后第四学期末前、博士研究生阶段第一学年内和博士入学后第三学期结束前完成学科综合考试，不允许以学位论文的开题报告代替学科综合考试，具体考试办法和要求参见《北京大学研究生手册》中的“北京大学博士研究生学科综合考试实施细则”。

考试方式可以是口试或笔试，也可以是口试与笔试相结合。考试委员会成员应由本学科和相关学科的5名专家组成。考试委员会主席由教授（或相当职称的专家）担任。导师可以参加考试委员会，但不能担任主席。考试委员会须经本学科学位评定委员会主席或主管研究生工作的学院领导审核同意，方可对学生进行考核。考试委员会成员三分之

二以上（含三分之二）赞成合格，方为通过综合考试。

考试成绩按“合格”和“不合格”两级评定。成绩不合格者，3个月后可以补考一次。补考仍不合格者，予以退学，经学院主管研究生工作的领导审查后，报研究生院批准。

5.2.3　科研能力与水平的基本要求

对于本专业博士研究生，毕业时要求掌握坚实宽广的本学科基础理论和系统、深入的专业知识，具有独立从事科学研究工作的能力；在导师和指导小组的指导和帮助下，独立完成选定的课题，并在科学研究或专门技术上取得创新性成果；能熟练地阅读本专业的外文资料，并具有很好的外文写作能力；通过培养方案所规定的课程考试和论文答辩，成绩合格。

博士研究生应当面向智能学科世界科技前沿，或者面向国家战略需求，做出原创性的科研成果，并发表或发布创新成果；博士学位论文应保持国际一流高校本专业近年来的博士论文水平。创新成果包括：

1. 学术论文、学术专著：以北京大学为第一作者单位，本人为第一作者（导师为第一作者时，本人可为第二作者）在本专业重要期刊或会议（列表为airankings.org, csrankings.org以及北京大学智能学科推荐的重要期刊和会议）发表（或接受发表）的学术论文；以北京大学为第一作者单位，本人为第一作者（导师为第一作者时，本人可为第二作者）在知名学术出版社出版（或接受出版）的专著或章节。

2. 原创系统与平台、专利、软件著作权：作为重大课题攻关的主要参与者开发原创系统或平台，并获得相应专利授权（或接受申请）或软件著作权，具体贡献由课题攻关团队做出书面说明；若成果包含开源系统和代码，应出具系统和代码被广泛采用的情况说明。

3. 其他类型科研成果：创新性由博士生指导小组和本专业所属学科评议组组织评定。

5.2.4　学位论文的基本要求

博士研究生学位论文的选题，应符合本学科的发展方向，尽可能结合国家科学研究任务，或对社会主义现代化建设具有较大意义。选题报告一般应在综合考试后一个学期完成，从选题报告通过至申请博士学位论文答辩的时间一般不少于一学年。

博士研究生应对所研究的课题做出创造性成果，并在理论或实践上对国家建设或本学科发展具有较大的意义。博士学位论文应当表明作者具备在本学科独立从事科学研究工作的能力。博士研究生在全部完成课程学习和科学研究任务并在学位论文答辩前3个月完成预答辩后，方可提交博士学位论文并按照北京大学有关规定和程序申请博士学位论文答辩。

博士学位论文必须是系统完整的学位论文，使用规范的语言，必须完整正确、文字通顺、图表规范，要严格按照《北京大学研究生手册》中“北京大学研究生学位论文的基本要求与书写格式”的规定撰写，并打印。

5.3 研究方向设置

北京大学智能科学与技术专业共设置11个研究方向，具体如下：

一、计算机视觉

视觉是人类了解外部环境结构及其变化的重要感知通道。作为人工智能的核心领域之一，计算机视觉这一研究方向试图充分利用认知科学原理与计算机技术来实现人类的视觉功能，使智能机器能够自主理解环境及其变化，并与环境进行高效互动。该方向的主要研究内容包括：图像识别与检测、图像与视频的语义分割、生物特征识别、三维场景重建、动态视觉与主动视觉、人体行为分析与意图理解等；主要研究目的是：赋予智能感知系统可靠的环境分析与理解能力，使其能够在复杂的现实场景中具有高度的环境与任务自适应性。

二、机器学习

机器学习是研究如何使计算机模拟或实现人类学习活动的学科方向，它一方面研究学习机制，注重探索模拟人的学习机制；另一方面研究如何有效地利用信息，注重从数据中获取隐藏的、有效的、可理解的信息，其方法与技术支撑了人工智能的诸多领域。其主要研究内容包括：机器学习理论、监督学习、弱监督学习、无监督学习、强化学习、高效训练算法、机器学习应用等；主要研究目的是：赋予机器自主建模和决策的能力，并在运行中逐步自我提升自主建模和决策的能力。

三、自然语言处理

自然语言处理研究利用计算机对人类特有的书面形式与口头形式的自然语言进行分析、理解、生成与交互的技术，是计算机与人工智能学科的重要研究方向。其主要研究内容包括：自然语言语义分析、信息抽取、自然语言问答、文档摘要、自然语言生成、人机对话系统等。该方向以计算机、人工智能学科为基础，与语言学、心理学、机器人学及机器学习等专业或方向交叉融合；主要研究目的是：让机器能够理解人类语言，用自然语言的方式与人类交流。

四、认知推理

认知推理方向以发展心理学、神经科学、语言学、人类学等社会科学为基础，研究如何对物理与社会常识进行计算建模，以构建通用的、与人协作的智能体。作为帮助人工智能迈向类人和通用人工智能的核心领域之一，认知推理基于多模态落地的感知模型和常识推理框架（如因果推理），实现类人的多步复杂推理能力。该方向的主要研究内容包括：概率建模、因果推论、直觉物理、功能性与可供性、意图、心智模型、抽象推理、可解释人工智能等；主要研究目的是：赋予智能体理解物理法则、社会规律的能力，使其能深度理解周边环境中各事物的功能、属性及相互直接的联系，帮助其在新环境中做出符合常识的合理反应，并与人类协作完成复杂的任务。

五、多智能体

多智能体是以博弈论、优化控制、人工智能等为基础的研究方向，主要研究系统中单智能体之间互相关系的表达形式：控制、通信、协调、合作、竞争对抗。作为帮助人工智能迈向类人和通用人工智能的核心领域之一，该方向的主要研究内容包括：开放环境下的通用单智能体、多智能体强化学习的理论、方法与应用，智能群体机器人与工程应用，游戏环境和游戏智能体的设计、分析及相关算法研究，计算经济中的智能体建模与人工智能算法，面向供应链的人工智能决策方法，基于融入行为特征风险度量的强化学习方法，大规模、智能化、网络化、多层次、多尺度、多模式、非线性、不确定时变动态系统的建模、分析、模拟、预测、优化和控制；其研究目的是：让若干个具备简单智能且便于管理控制的系统能通过相互协作实现复杂智能，使得在降低系统建模复杂性的同时，提高系统的鲁棒性、可靠性、灵活性。

六、智能机器人

智能机器人综合了计算机、控制论、信息和传感技术、人工智能、仿生等多学科或技术，是计算机与人工智能学科的重要研究方向。其主要研究内容包括：环境感知、自主定位、地图构建、任务与运动规划、行为决策、机器人控制、人-机-环境交互、机器人体系结构、分布式机器人等。该方向以计算机、人工智能学科为基础，与计算机视觉、机器学习、认知推理、多智能体等方向交叉融合，研究目的是：使机器人能够像拥有“大脑”一样智能地工作，为人类服务。

七、听觉、言语与音乐

听觉、言语与音乐方向以通用智能为目标，基于脑科学与类脑智能的科学研究范式，采用身体与环境交互的具身学习方式，重点开展复杂声学环境的场景分析、人机言语交互、音乐智能创作等方面的理论、方法和应用研究，构建和完善听知觉加工模型、言语知识表达与心智发展的新框架。该方向的主要研究内容包括：听觉的机理与建模，机器人复杂声学环境中主动和被动目标声源检测、定位和增强，言语知觉、理解与生成，音乐信号多声源分离、分析，以及自动作曲、配器、演奏、混音与3D虚拟声场等；主要研究目的是：赋予智能机器人自主环境分析与理解的听感知和心智能力，并在真实环境中发展出通用目标、适应策略和有效方法。

八、数据智能与计算智能

数据智能与计算智能方向研究数据驱动与知识引导相结合的人工智能新理论和方法，开展理论和应用基础研究，发展可泛化、可解释、可推理的数据智能计算范式。该方向的主要研究内容包括：多模态数据的语义表征、语义分析与挖掘，计算智能与深度学习，知识获取、表示与管理，面向关键领域的智能系统等。该方向以计算智能和深度学习为手段，以数据与知识为核心，围绕知识表征和推理等关键科学问题，与机器学习、自然语言处理、社交网络、多媒体、多智能体等专业或方向交叉融合，研究从数据到知识、以知识促进应用的新模式，为通用人工智能及其应用提供核心方法和技术。

九、智能图形与交互

智能图形与交互是研究如何数字化创造、模拟、展示高逼真世界并与之自然交互的学科方向，广泛应用于数字娱乐与影视媒体领域。随着数字孪生、具身智能等相关领域的快速发展，它与人工智能技术结合得越来越紧密。其主要研究内容包括：几何表达、动态模拟、真实渲染等对真实世界的建模或仿真以及人机交互的方法和技术。该方向以计算机图形学、可视化与人机交互为基础，与计算机视觉、语言学等认知学科互为表里，与心理学、机器人学、机器学习、虚拟和增强现实等专业或方向交叉融合，是推动人工智能发展的核心方向之一。

十、多媒体智能

多媒体智能将多媒体计算与人工智能相结合，开展文字、图像、视频、音频、文档等多媒体内容理解与生成的理论、方法和技术研究，是计算机与人工智能学科的重要研究方向。其主要研究内容包括：多媒体压缩与处理、多媒体分析、跨媒体检索、跨媒体生成、跨媒体传输、跨媒体知识图谱、文档智能、文字计算等；主要研究目的是：借鉴人脑的跨媒体特性，跨越视觉、听觉等不同感官的信息感知和认知外部世界，实现多媒体信息的智能处理。

十一、信息安全与网络智能

信息安全、新型网络智能是国家战略重要组成部分，信息安全与网络智能这一方向围绕网络信息安全、智能网络、人工智能衍生安全以及人工智能自身安全的理论和方法进行研究。其主要研究内容包括：系统与网络安全、网络攻防技术、互联网恶意行为发现与监测、智能设备与系统软件脆弱性发现与防护，数据隐私保护、信息内容与数据存储传输安全、信息隐藏、数字内容鉴真，新型网络架构、网络智能、媒体网络优化，人工智能模型、人工智能数据与人工智能承载系统等人工智能系统软硬件的脆弱性分析和防御方法；主要研究目的是：发展人工智能安全的理论与方法，并借助人工智能技术，提升系统在信息利用、信息安全、网络智能、网络安全等方面的性能。

5.4 课程设置

为了避免重复，以下仅介绍基于已有课程的直博生课程设置。

在课程编码的第一个位置中，0表示公共必修课，1表示专业必修课，2表示选修课。公共必修课和选修课的编码按“课程类别+课程序号”的方式给出；专业必修课的编码按“课程类别+研究方向序号+课程序号”的方式给出，并用1表示公共专业必修方向（指本专业所有方向），2表示计算机视觉方向，3表示机器学习方向，4表示认知推理方向，5表示自然语言处理方向，6表示数据智能与计算智能方向，7表示听觉、言语与音乐方向，8表示智能机器人方向，等等。例如：

编码为“1-1-1”“1-1-2”“1-1-3”的课程属于公共专业必修方向；

编码为“1-2-1”“1-2-2”的课程属于计算机视觉方向；

编码为“1-3-1”“1-3-2”的课程属于机器学习方向；

编码为“1-4-1”“1-4-2”的课程属于认知推理方向；

编码为“1-5-1”的课程属于自然语言处理方向；

编码为“1-6-1”“1-6-2”的课程属于数据智能与计算智能方向。

5.4.1　公共必修课

（下表中0-1～0-4为必修，0-5～0-14选1门）

课程编码	课程名称	课程英文名称	学分	总学时
0-1	科技论文写作	Scientific Writing	2	48
0-2	科研实践	Research Practice	3	54
0-3	教学实习	Teaching Practice	2	36
0-4	中国马克思主义与当代	Chinese Marxism and lts Modern Effect	2	32
0-5	研究生学术英语写作	Academic English Writing for Graduate Students	2	36
0-6	国际交流英语视听说	Listening, Speaking, and Critical Thinking	2	36
0-7	研究生英语影视听说	Graduate English Multimedia-Watching, Listening and Speaking	2	36
0-8	美国文化	Understanding America	2	36
0-9	美式英语语音	American English Pronunciation and Speech Training	2	36
0-10	现代英语（译文）诗歌赏析	Introduction of Modern English （Translation of） Poetry	2	36
0-11	跨文化交际	Intercultural Communication	2	32
0-12	TED 演讲与社会	TED Talks and Social Issues	2	32
0-13	社会文化热点观察	International Hot Topics: Observation and Discussion	2	32
0-14	研究生综合英语	An Integrated English Course or Professional Master’s Degree Candidates	2	32

5.4.2 专业必修课

（在导师指导下选5门，跨3个方向）

课程编码	课程名称	课程英文名称	学分	总学时
公共专业必修方向				
1-1-1	信息与智能科学导论	Introduction to Information and Intelligent Science	3	48
1-1-2	人工智能中的数学与概率统计	The Mathematics, Probability and Statistics in AI	3	48
1-1-3	机器学习中的优化方法	Optimization Methods in Machine Learning	3	48
计算机视觉方向				
1-2-1	计算机视觉	Computer Vision	3	48
1-2-2	计算机视觉（Ⅲ）：三维视觉	Computer Vision（Ⅲ）: 3D Computer Vision	3	48
机器学习方向				
1-3-1	机器学习 A	Machine Learning A	3	48
1-3-2	深度与强化学习	Deep Learning and Reinforcement Learning	3	48
认知推理方向				
1-4-1	概率与因果的模型与推理	Probabilistic and Causal Modeling and Reasoning	3	48
1-4-2	物理与社会常识的建模与计算	Cognitive Models for Visual Commonsense	3	48
自然语言处理方向				
1-5-1	自然语言处理	Natural Language Processing	3	48
1-5-2	语义计算与知识图谱	Semantic Computing and Knowledge Graph	3	48
数据智能与计算智能方向				
1-6-1	数据库与知识库系统原理	Principles of Database and Knowledge-base Systems	3	48
1-6-2	计算智能	Computational Intelligence	3	48
听觉、言语与音乐方向				
1-7-1	听觉、言语与音乐导论	Introduction to Speech, Music and Hearing	3	48
1-7-2	空间听觉与音频、音乐处理	Spatial Auditory and Audio, Music Signal Processing	3	48
智能机器人方向				
1-8-1	机器人动力学与控制	Introduction to Robotics: Dynamics and Control	3	48

5.4.3 选修课

课程编码	课程名称	课程英文名称	学分	总学时
2-1	计算机视觉（Ⅰ）：早期与中层视觉	Computer Vision（Ⅰ）: Early and Mid-level Computer Vision	3	48
2-2	计算机视觉（Ⅱ）：高层视觉	Computer Vision（Ⅱ）: High-level Computer Vision	3	48
2-3	计算机视觉的深度学习方法	Deep Learning for Computer Vision	3	48
2-4	视觉与语言	Vision and Language	3	48
2-5	数字图像处理	Digital Image Processing	3	48
2-6	机器学习 B	Machine Learning B	3	48
2-7	机器学习前沿	Frontiers of Machine Learning	3	48
2-8	神经网络与深度学习	Neural Networks and Deep Learning	3	48
2-9	强化学习理论及应用	Reinforcement Learning: Theory and Practice	3	48
2-10	模式识别	Pattern Recognition	3	48
2-11	网络表示学习	Network Representation Learning	3	48

续表

课程编号	课程名称	课程英文名称	学分	总学时
2-12	图神经网络	Graph Neural Networks	3	48
2-13	脑、认知与计算	Brain, Cognition and Computing	3	48
2-14	图信号处理的理论及应用	Graph Signal Processing: Theory and Practice	3	48
2-15	数据仓库与联机分析处理	Data Warehouse and OLAP	3	48
2-16	海量图数据的管理和挖掘	Managing and Mining Large Graph Data	3	48
2-17	数据挖掘	Data Mining	3	48
2-18	数据可视化	Data Visualization	3	48
2-19	智能优化方法及其应用	Intelligent Optimization Methods and Their Applications	3	48
2-20	Python 大数据分析原理与应用	Based Principle and Applications of Big Data Analysis in Python	2	32
2-21	概率图模型和视觉应用	Probabilistic Graphical Models and Their Applications in Computer Vision	3	48
2-22	人工智能与心理健康	AI and Psychological Health	3	48
2-23	视觉艺术与计算美学	Computational Visual Art and Aesthetic	3	48

5.5 必读重要书目与经典论文

[1] Forsyth D A, Ponce J. Computer Vision: A Modern Approach. 2nd Edition. Pearson, 2012.

ISBN: 9780136085928

[2] Zhu S-C, Wu Y-N. Computer Vision: Statistical Models for Marr's Paradigm. Springer, 2023.

ISBN: 9783030965297

[3] Zhu S-C, Huang S-Y. Computer Vision: Stochastic Grammars for Parsing Objects, Scenes, and Events. Springer, 2024.

ISBN: 待出版

[4] 周志华. 机器学习. 清华大学出版社，2016.

ISBN: 9787302423287

[5] 李航. 机器学习方法. 清华大学出版社，2022.

ISBN: 9787302597308

[6] Murphy K P. Machine Learning: A Probabilistic Perspective. The MIT Press, 2012.

ISBN: 9780262018029

[7] Goodfellow I, Bengio Y, Courville A. Deep Learning. The MIT Press, 2016.

ISBN: 9780262035613

[8] Sutton R S, Barto A G. Reinforcement Learning: An Introduction. 2nd Edition. The MIT Press, 2018.

ISBN: 9780262039246

[9] Jurafsky D, Martin J H. Speech and Language Processing: An Introduction to Natural Language Processing Computational Linguistics, and Speech Recognition. Prentice-Hall, 2008.

ISBN: 9780130950697

[10] Bender E M, Lascarides A. Linguistic Fundamentals for Natural Language Processing: II. Springer, 2022.

ISBN: 9783031010446

[11] Pearl J. Causality: Models, Reasoning, and Inference. 2nd Edition. Cambridge University Press, 2009.

ISBN: 9780521895606

[12] Koller D, Friedman N. Probabilistic Graphical Models: Principles and Techniques. The MIT Press, 2009.

ISBN: 9780262013192

[13] Carey S. The Origin of Concepts. Oxford University Press, 2009.

ISBN: 9780195367638

[14] Tomasello M. Origins of Human Communication. A Bradford Books, The MIT Press, 2008.

ISBN: 9780262201773

[15] Shoham Y, Leyton-Brown K. Multiagent Systems: Algorithmic, Game-theoretic, and Logical Foundations. Cambridge University Press, 2009.

ISBN: 9780521899437

[16] Thrun S, Burgard W, Fox D. Probabilistic Robotics. The MIT Press, 2006.

ISBN: 9780262201629

[17] Siegwart R, Nourbakhsh I R, Scaramuzza D. Introduction to Autonomous Mobile Robots. 2nd Edition. The MIT Press, 2011.

ISBN: 9780262015356

[18] Kagan E, Shvalb N, Ben-Gal I. Autonomous Mobile Robots and Multi-Robot Systems. Wiley, 2020.

ISBN: 9781119212867

[19] Warren R M. Auditory Perception: An Analysis and Synthesis. 3rd Edition. Cambridge University Press, 2008.

ISBN: 9780521688895

[20] Wang D-L, Brown G J. Computational Auditory Scene Analysis: Principles, Algorithms, and Applications. Wiley-IEEE Press, 2006.

ISBN: 9780471741091

[21] Engelbrecht A P. Computational Intelligence: An Introduction. 2nd Edition. Wiley, 2007.

ISBN: 9780470035610

[22] Silberschatz A, Korth H F, Sudarshan S. Database System Concepts. McGraw-Hill, 2020.

ISBN: 9781260084504

[23] Brachman R J, Levesque H J. Knowledge Representation and Reasoning. Morgan Kaufmann Publishers, 2004.

ISBN: 9781558609327

[24] Han J, Kamber M, Pei J. Data Mining: Concepts and Techniques, 3rd Edition. Morgan Kaufmann Publishers, 2012.

ISBN: 9780123814791

[25] Marschner S, Shirley P. Fundamentals of Computer Graphics. 5th Edition. CRC Press, 2022.

ISBN: 9780367505585

[26] Hughes J F, van Dam A, McGuire M, et al. Computer Graphics: Principles and Practice. 3rd Edition. Addison-Wesley, 2013.

ISBN: 9780321399526

[27] Munzner T. Visualization Analysis and Design. CRC Press, 2015.

ISBN: 9781466508934

[28] Ware C. Information Visualization: Perception for Design. 4th Edition. Morgan Kaufmann, 2021.

ISBN: 9780128128756

[29] Jacko J A, Wigdor. The Human-Computer Interaction Handbook: Fundamentals, Evolving Technologies, and Emerging Applications. 3rd Edition. CRC Press, 2012.

ISBN: 9781439829448

[30] Peng Y-X, Zhu W-W, Zhao Y, et al. Cross-media Analysis and Reasoning: Advances and Directions. Frontiers of Information Technology & Electronic Engineering, 2017, 18（1）.

[31] Stamp M. Information Security: Principles and Practice. 3rd Edition. Wiley, 2022.

ISBN: 9781119505907

[32] Anderson R. Security Engineering. 3rd Edition. Wiley, 2020.
ISBN: 9781119642787
[33] 刘哲理，李进，贾春福. 漏洞利用及渗透测试基础. 2版. 清华大学出版社, 2019.
ISBN: 9787302527046

第六章

清华大学通用人工智能本科生因材施教培养计划

6.1 培养目标

清华大学通用人工智能本科生因材施教培养计划的培养目标是：培养具有科学与技术素养，兼具批判思维、创新精神和实践能力，善于沟通和写作，有志趣且有能力成功地进行本专业或其他领域的终身学习，并且有社会责任感的人工智能国际领军人才。

6.2 培养要求

以下为具体的培养要求：

1. 具有运用数学、科学和工程知识的能力；

2. 具有设计和实施实验及分析和解释数据的能力；

3. 具有在经济、环境、社会、政治、道德、健康、安全、易于加工、可持续性等现实约束条件下设计自动化系统、设备或工艺的能力；

4. 具有在团队中从不同学科角度发挥作用的能力；

5. 具有发现、提出和解决自动化工程问题的能力；

6. 理解自动化专业的职业责任和职业道德；

7. 具有有效沟通的能力；

8. 具备足够宽的知识面，能够在全球化的经济、环境和社会背景下认识自动化工程解决方案的效果；

9. 认识到需要终身学习，并且具有终身学习的能力；

10. 具备从自动化专业角度理解当代社会和科技热点问题的知识；

11. 具有综合运用技术、技能和现代工程工具来进行自动化工程实践的能力。

6.3 毕业要求及授予学位类型

按本科四年学制进行课程设置及学分分配。本科最长学习年限为专业学制加两年。学生在学校规定的学习年限内，修完培养方案规定的内容，成绩合格，达到学校毕业要求的，准予毕业，学校颁发毕业证书；符合学士学位授予条件的，授予学士学位。授予学位类型：工学学士学位；毕业总学分：151学分，具体要求如下表所示：

1. 校通识教育课程：47 学分	1-1 思想政治理论课：18 学分
	1-2 体育课：4 学分
	1-3 外语课：8 学分（一外英语学生）
	1-4 写作与沟通课：2 学分
	1-5 通识选修课：11 学分
	1-6 军事理论与技能训练：4 学分
2. 专业教育课程：104 学分	2-1 基础课：40 学分
	2-2 专业必修课：30 学分
	2-3 专业限选课：14 学分
	2-4 实习实践训练：11 学分
	2-5 综合论文训练：9 学分

6.4 课程设置

1. 校通识教育课程：47学分

1-1思想政治理论课：18学分（“四史”四选一）

课程名称	学分	周学时	考核方式	选课学期及说明
思想道德与法治	3	2	考试	第一学年秋季学期
形势与政策（1）	1	1	考试	第一学年春季学期
中国近现代史纲要	3	2	考试	第一学年春季学期
马克思主义基本原理	3	3	考试	第二学年秋季学期
形势与政策（2）	1	1	考试	第二学年春季学期
思政实践课	2	2	考试	第三学年秋季学期

续表

课程名称	学分	周学时	考核方式	选课学期及说明
毛泽东思想和中国特色社会主义理论体系概论	2	2	考试	第三学年春季学期
习近平新时代中国特色社会主义思想概论	2	2	考试	第三学年春季学期
中国共产党历史（“四史”）	1	1	考试	第四学年秋季学期
中华人民共和国历史（“四史”）	1	1	考试	第四学年秋季学期
改革开放史（“四史”）	1	1	考试	第四学年秋季学期
社会主义发展史（“四史”）	1	1	考试	第四学年秋季学期

1-2体育课：4学分

课程名称	学分	周学时	考核方式	选课学期及说明
体育（1）	1	2	考查	第一学年秋季学期
体育（2）	1	2	考查	第一学年春季学期
体育（3）	1	2	考查	第二学年秋季学期
体育（4）	1	2	考查	第二学年春季学期
体育专项（1）	—	2	考查	第三学年秋季学期
体育专项（2）	—	2	考查	第三学年春季学期
体育专项（3）	—	2	考查	第四学年秋季学期
体育专项（4）	—	2	考查	第四学年春季学期

说明：第1～4学期的体育（1）～（4）为必修课，每学期1学分；第5～8学期的体育专项不设学分，其中第5～6学期的体育专项为限选课，第7～8学期的体育专项可任选。学生在大学三年级结束时申请推荐免试攻读研究生须完成第1～4学期的体育必修课并取得学分。本科毕业必须通过学校体育部组织的游泳测试。体育课的选课、退课、游泳测试以及境外交换学生的体育课程认定等请详见《清华大学2023年学生手册》中的“清华大学本科体育课程的有关规定及要求”。

1-3外语课：一外英语学生必修8学分，一外小语种学生必修6学分

<table>
<tr><th>学生</th><th>课组</th><th>课程</th><th>课程面向</th><th>学分要求</th></tr>
<tr><td rowspan="9">一外英语学生</td><td rowspan="6">英语综合能力课组</td><td>英语综合训练（C1）</td><td rowspan="2">入学分级考试 1 级</td><td rowspan="6">必修 4 学分</td></tr>
<tr><td>英语综合训练（C2）</td></tr>
<tr><td>英语阅读写作（B）</td><td rowspan="2">入学分级考试 2 级</td></tr>
<tr><td>英语听说交流（B）</td></tr>
<tr><td>英语阅读写作（A）</td><td rowspan="2">入学分级考试 3 级、4 级</td></tr>
<tr><td>英语听说交流（A）</td></tr>
<tr><td>第二外语课组</td><td colspan="2" rowspan="3">详见选课手册</td><td rowspan="3">限选 4 学分</td></tr>
<tr><td>外国语言文化课组</td></tr>
<tr><td>外语专项提高课组</td></tr>
<tr><td colspan="2">一外小语种学生</td><td colspan="2">详见选课手册</td><td>6 学分</td></tr>
</table>

公共外语课程免修、替代等详细规定见《清华大学2023年学生手册》中的“清华大学本科生公共外语课程设置及修读管理办法”。

1-4写作与沟通课：2学分

课程名称	学分	周学时	考核方式	选课学期及说明
写作与沟通	2	2	考试	第一学年秋季学期

1-5通识选修课：11学分

通识选修课包括人文、社科、艺术、科学四大课组，要求学生每个课组至少选修 2 学分。

对于人工智能通识课，建议选修以下相关课程：

课程名称	学分
人工智能与艺术	3
人工智能与社会学	3
人工智能与人文	3
人工智能伦理与治理	3

1-6军事理论与技能训练：4学分

课程名称	学分	周学时	考核方式	选课学期及说明
军事理论	2	3	考查	第一学年
军事技能	2	3	考查	第一学年

2. 专业教育课程：104学分

2-1基础课：40学分

2-1-1数学基础必修课：22学分

课程名称	学分	周学时	考核方式	选课学期及说明
微积分 A（1）	5	5	考试	第一学年秋季学期
微积分 A（2）	5	5	考试	第一学年春季学期，须先修微积分 A（1）
线性代数	4	4	考试	第一学年秋季学期
随机数学与统计	5	5	考试	第二学年春季学期
离散数学	3	3	考试	第二学年秋季学期

2-1-2自然科学基础必修课：10学分

课程名称	学分	周学时	考核方式	选课学期及说明
大学物理 B（1）	4	4	考试	第一学年春季学期
大学物理 B（2）	4	4	考试	第二学年秋季学期
物理实验 B（1）	1	1	考查	第二学年秋季学期
物理实验 B（2）	1	1	考查	第二学年春季学期

2-1-3学科基础必修课：8学分

课程名称	学分	周学时	考核方式	选课学期及说明
计算机语言及程序设计	3	3	考试	第一学年秋季学期
人工智能导论	2	2	考试	第一学年春季学期
电路原理 C	3	3	考试	第一学年春季学期

2-2专业必修课：30学分

课程名称	学分	周学时	考核方式	选课学期及说明
数字电子技术基础	3	3	考试	第二学年秋季学期
数字电子技术实验	1	1	考查	第二学年秋季学期
计算机原理与系统	4	4	考试	第二学年春季学期
数据结构	3	3	考试	第二学年秋季学期
信号与系统分析	4	4	考试	第二学年春季学期
自动控制理论（1）	4	4	考试	第三学年秋季学期
自动控制理论（2）	2	2	考试	第三学年春季学期
人工智能原理	2	2	考试	第三学年秋季学期，须先修 C 语言、数据结构、微积分、线性代数、概率论
运筹学	3	3	考试	第三学年秋季学期
模式识别与机器学习	2	2	考查	第三学年春季学期，须先修微积分、线性代数、概率论
智能传感与检测技术	2	2	考试	第三学年秋季学期

2-3专业限选课：14学分

课程名称	学分	周学时	考核方式	选课学期及说明
智能机器人：动力学与控制	3	3	考试	第三学年春季学期
计算机视觉	3	3	考试	第三学年春季学期
交叉项目训练类课程	6	—	考查	第三学年秋季学期，此类课程有多门，至少选 2 门，修 6 学分
智能优化算法及其应用	2	2	考查	第四学年秋季学期，须先修自控理论。此课程与应用随机过程二选一
应用随机过程	3	3	考试	第四学年秋季学期，须先修概率论、微积分、线性代数。此课程与智能优化算法及其应用二选一

2-4实习实践训练：11学分

课程名称	学分	周学时	考核方式	选课学期及说明
面向对象程序设计训练	1	1	考查	第一学年夏季学期，须先修计算机语言与程序设计
通用人工智能系统平台（1）	2	2	考查	第一学年夏季学期
通用人工智能系统平台（2）	2	2	考查	第二学年夏季学期
通用人工智能系统平台（3）	2	2	考查	第二学年夏季学期
专业实践	4	4	考查	第三学年夏季学期

2-5综合论文训练：9学分

课程名称	学分	周学时	考核方式	选课学期及说明
综合论文训练	9	—	考查	第四学年春季学期

6.5 学期安排

基础课与核心课的时间安排见图6-1。

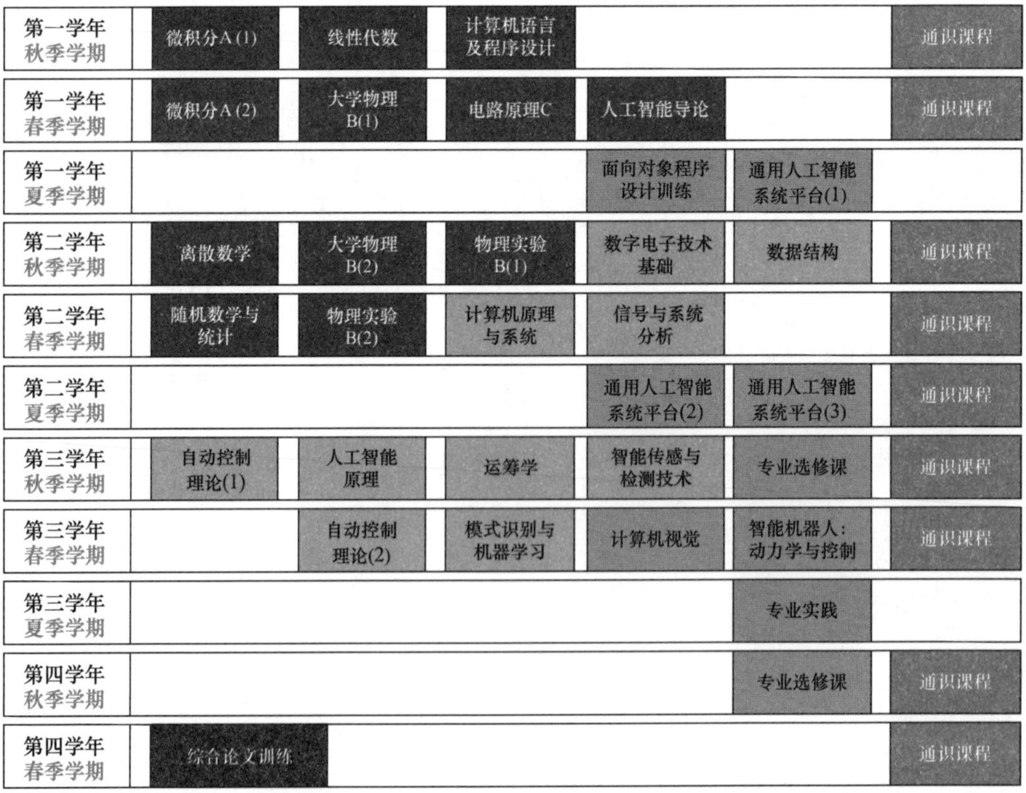

第一学年秋季学期
微积分A (1)
线性代数
计算机语言及程序设计
通识课程
第一学年春季学期
微积分A (2)
大学物理B(1)
电路原理C
人工智能导论
通识课程
第一学年夏季学期
面向对象程序设计训练
通用人工智能系统平台(1)
第二学年秋季学期
离散数学
大学物理B(2)
物理实验B(1)
数字电子技术基础
数据结构
通识课程
第二学年春季学期
随机数学与统计
物理实验B(2)
计算机原理与系统
信号与系统分析
通识课程
第二学年夏季学期
通用人工智能系统平台(2)
通用人工智能系统平台(3)
通识课程
第三学年秋季学期
自动控制理论(1)
人工智能原理
运筹学
智能传感与检测技术
专业选修课
通识课程
第三学年春季学期
自动控制理论(2)
模式识别与机器学习
计算机视觉
智能机器人：动力学与控制
通识课程
第三学年夏季学期
专业实践
第四学年秋季学期
专业选修课
通识课程
第四学年春季学期
综合论文训练
通识课程

图 6-1　人才培养课程修读路线图

6.6 专业相关实践课程纲要

6.6.1　通用人工智能系统平台（1）

一、课程基本情况

<table>
<tr><td rowspan="2">课程名称</td><td>中文名称</td><td colspan="6">通用人工智能系统平台（1）</td></tr>
<tr><td>英文名称</td><td colspan="6">General AI System Practice （1）</td></tr>
<tr><td>教学目标</td><td colspan="7">学生熟悉并理解通用人工智能的统一框架，建立开展通用人工智能科学研究的路线图，了解人工智能的核心算法原理，掌握科研训练必备的工具库，为今后开展独立的科研工作奠定基础</td></tr>
<tr><td>预期学习成效</td><td colspan="7">知识层面：
- 了解人工智能科研范式的转变和发展历程（例如大数据小任务 → 小数据大任务）
- 理解通用人工智能的统一框架和各个构成（认知推理、计算机视觉、自然语言处理、机器学习、机器人学、多智能体六大领域）
- 熟悉并了解人工智能的核心算法以及原理
技能层面：
- 成功配置科研工作开展的系统环境和工具包
- 熟练 Python 编程以及相关的 Python 库（例如 NumPy, PyTorch）
- 掌握文献检索和文献综述的方法
- 掌握学术论文写作的基本规范</td></tr>
<tr><td>学分与学时</td><td>学分</td><td>2</td><td>总学时 （授课 + 实践）</td><td>32</td><td>学时安排</td><td colspan="2">16 / 16 / 20（授课 / 实践 / 课外）</td></tr>
<tr><td>课程分类</td><td colspan="7">本科</td></tr>
<tr><td>课程类型</td><td colspan="7">本科学科专业课</td></tr>
<tr><td>授课语种</td><td colspan="7">中文</td></tr>
<tr><td>课程特色</td><td colspan="7">人工智能实践课</td></tr>
<tr><td>考核方式</td><td colspan="7">考试（ ）　　　　考查（√）</td></tr>
<tr><td>成绩评定标准</td><td colspan="7">平时作业占 50%，课堂展示报告占 50%</td></tr>
<tr><td>先修要求</td><td colspan="7">微积分、线性代数、计算机语言与程序设计、随机数学与统计</td></tr>
</table>

二、课程内容简介

通用人工智能系统平台（1）这一课程旨在帮助学生建立人工智能的科研地图，并为将来开展独立科研工作奠定良好的基础。

在课堂讲授环节，学生得以理解人工智能作为一门新兴学科，其长达数十年的发展历程以及科研范式的转变；学习通用人工智能的大一统理论框架，并对其下辖六大领域的知识和学术议题有基本了解；了解人工智能经典算法的基本原理。

在实践环节，学生在科研导师的指导下成功配置科研工作必备的科研环境；通过大量科研练习，熟练使用Python这一科研工具及其配套的库。作为科研实训的第一阶段，学生能够理解一个科研工作的“前世今生”，通过学习文献检索和开展文献综述，加深对研究的认识。

三、教学安排

课序	主要内容	教学方式	授课时数	实践时数	课外活动与学时（与每讲对应）	
					活动内容	时数
1	通用人工智能概述：通用人工智能的发展历史与趋势、科研范式的转变、通用人工智能的大一统理论构架与核心问题	课堂讲授	2	0	阅读文献	2
2	认知推理：发展心理学基础及其在推动人工智能近代发展作用的应用	课堂讲授	2	0	阅读文献，完成习题	2
3	计算机视觉：计算机视觉的历史与基础、多视角几何、三维重建、视觉和其他学科的跨学科研究	课堂讲授	2	0	阅读文献，完成习题	2
4	自然语言处理：自然语言处理的基础、多模态对话以及自然语言处理和认知心理学的结合	课堂讲授	2	0	阅读文献，完成习题	2
5	机器学习：机器学习的发展史及机器学习的实际应用；从算法角度，穿插一些前沿的热门技术与问题	课堂讲授	2	0	阅读文献，完成习题	2
6	机器人学：机器人系统的组成部分，控制、信号、规划、优化等在机器人学领域的应用实例，以及机器人学领域与其他领域的交叉研究	课堂讲授	2	0	阅读文献，完成习题	2
7	多智能体：博弈论基础、多智能体通信、社会常识与规范的学习	课堂讲授	2	0	阅读文献，完成习题	2
8	科研导师支持下的科研实践	实验	0	16	自学	6
9	课堂展示报告	其他	2	0		
合计			16	16		20

6.6.2 通用人工智能系统平台（2）

一、课程基本情况

<table>
<tr><td rowspan="2">课程名称</td><td>中文名称</td><td colspan="6">通用人工智能系统平台（2）</td></tr>
<tr><td>英文名称</td><td colspan="6">General AI System Practice（2）</td></tr>
<tr><td>教学目标</td><td colspan="7">学生能够选择 1～2 个研究方向，构建知识图谱，理解该方向的研究现状及前沿问题，掌握该领域的核心算法；针对单一论文，学生能够抽象和分析研究问题，理解数学建模的过程，并复现实验</td></tr>
<tr><td>预期学习成效</td><td colspan="7">知识层面：
- 深入理解 1～2 个人工智能相关方向的研究现状和前沿问题
- 掌握选定方向的核心算法
技能层面：
- 能批判性阅读和分析文献
- 能使用编程工具复现经典研究的实验
- 能优化代码以提高代码效率、准确度和规范性</td></tr>
<tr><td>学分与学时</td><td>学分</td><td>2</td><td>总学时（授课 + 实践）</td><td>32</td><td>学时安排</td><td colspan="2">6 / 26 / 20（授课 / 实践 / 课外）</td></tr>
<tr><td>课程分类</td><td colspan="7">本科</td></tr>
<tr><td>课程类型</td><td colspan="7">本科学科专业课</td></tr>
<tr><td>授课语种</td><td colspan="7">中文</td></tr>
<tr><td>课程特色</td><td colspan="7">人工智能实践课</td></tr>
<tr><td>考核方式</td><td colspan="7">考试（ ）　　　　考查（√）</td></tr>
<tr><td>成绩评定标准</td><td colspan="7">课堂展示报告占 50%，实验复现情况占 50%</td></tr>
<tr><td>先修要求</td><td colspan="7">通用人工智能系统平台（1）</td></tr>
</table>

二、课程内容简介

作为通用人工智能系统实践课的第二部分，本课程在通用人工智能系统平台（1）的基础上，进一步培养学生的科研实践能力。从六大领域中，学生选择1～2个感兴趣的方向，并进行深入研究。学生通过大量泛读，理解该方向的研究现状以及前沿问题，掌握该方向核心算法的原理；与此同时，学生需要选择3～5篇经典论文进行精读，抽象和分析背后的科学问题，理解论文的建模过程，并利用编程工具动手复现实验。

三、教学安排

课序	主要内容	教学方式	授课时数	实践时数	课外活动与学时（与每讲对应）	
					活动内容	时数
1	文献批判性阅读与思考	课堂讲授	2	0	文献阅读	2
2	人工智能核心算法讲解	课堂讲授	2	0	习题	2
4	科研导师支持下的科研实践	实验	0	26	文献阅读，自学	16
5	课堂展示报告	其他	2	0		
合计			6	26		20

6.6.3　通用人工智能系统平台（3）

一、课程基本情况

<table>
<tr><td rowspan="2">课程名称</td><td>中文名称</td><td colspan="5">通用人工智能系统平台（3）</td></tr>
<tr><td>英文名称</td><td colspan="5">General AI System Practice （3）</td></tr>
<tr><td>教学目标</td><td colspan="6">学生需要亲身践行一个完整的科研过程，在科研导师指导下，提出具体的研究问题，对其进行数学建模，设计实验并迭代，以尝试解决该问题</td></tr>
<tr><td>预期学习成效</td><td colspan="6">知识层面：
- 掌握研究课题及其相关的领域知识
技能层面：
- 能针对确定的研究方向，定义具体的研究问题
- 能对研究问题进行数学建模
- 能利用已掌握的编程知识设计和优化算法
- 能撰写符合学术规范的学术论文</td></tr>
<tr><td>学分与学时</td><td>学分</td><td>2</td><td>总学时（授课＋实践）</td><td>32</td><td>学时安排</td><td>6 / 26 / 20（授课 / 实践 / 课外）</td></tr>
<tr><td>课程分类</td><td colspan="6">本科</td></tr>
<tr><td>课程类型</td><td colspan="6">本科学科专业课</td></tr>
<tr><td>授课语种</td><td colspan="6">中文</td></tr>
<tr><td>课程特色</td><td colspan="6">人工智能实践课</td></tr>
<tr><td>考核方式</td><td colspan="6">考试（　）　　　考查（√）</td></tr>
<tr><td>成绩评定标准</td><td colspan="6">课堂口头报告占 40%，论文报告占 60%</td></tr>
<tr><td>先修要求</td><td colspan="6">人工智能基础、通用人工智能系统平台（1）和（2）</td></tr>
</table>

二、课程内容简介

作为通用人工智能系统实践课的第三部分，本课程对学生的科研能力提出了更高要求。在科研导师指导下，学生能够自主提出一个具有一定创新性的研究问题，或者从已有的前沿课题进行选择，借助通用人工智能系平台（1）和（2）这两门课程打下的科研基础和编程能力，对研究问题进行分析与数学建模，设计算法，开发准确高效的模块化工具包，分析讨论实验结果，并根据结果不断迭代优化算法，撰写最终的学术论文。优秀课程作业应达到人工智能顶级会议的投稿标准。希望此课程能帮助学生养成基本的科学素养，并为其解决人工智能难题提供方法论和实践基础。

三、教学安排

课序	主要内容	教学方式	授课时数	实践时数	课外活动与学时（与每讲对应）	
					活动内容	时数
1	具体前沿课题的文献综述口头报告	其他	2	0		
2	数学建模与算法分析口头报告	其他	2	0		
3	科研导师支持下的科研实践	实验	0	26	文献阅读，自学	20
4	课堂展示报告	其他	2	0		
合计			6	26		20

第七章

科学精神和人文素养培养探索

现在我们国家比以往任何时候都更渴望、重视和善待人才。2021年7月1日，习近平总书记在庆祝中国共产党成立100周年大会上再次强调，“统筹中华民族伟大复兴战略全局和世界百年未有之大变局”。在大变局下，我们如何实现复兴全局？科技显然是重中之重。我国科技如何追赶、超越发达国家甚至引领世界？人才显然是核心。目前，我国大学、研究所、企业中的科技从业者体量庞大。就体量而言，我国的科技从业者已经达到了世界前列甚至顶尖水平。但同时，我们缺乏与科技从业者体量相匹配的大师和原创性科技成果。

为什么我们的学校总是培养不出杰出的人才？这是著名的“钱学森之问”，也是摆在高等教育者面前极具挑战的灵魂拷问。此问亦是我们编写这本书的初心：搭建一套完整的本硕博贯通式通用人工智能人才培养体系，以培养人工智能方向科技创新杰出人才和学术领袖为目标，尝试为“钱学森之问”提供一套切实可行的解决方案。

我们摆脱了过往培养方案以课程为主的培养模式，将课程学习、科研实践和社会活动三者结合起来，作为人才培养的三大支柱，搭建“通识、通智、通用”的人才培养总体框架。前几章我们重点介绍了学生课程学习的设计思路以及实现路径，本章将重点分享我们在培养学生科研品位、科学精神和人文素养等方面开展的教育实践。

7.1 科研品位

自学生入学起，我们首要目标是帮助学生确立良好的科研品位。因大多数学生尤其本科生入学时对人工智能的了解多数来自媒体报道和科幻小说，欠缺对人工智能领域的整体认识和对其专业的深入了解，我们在培养学生科研品位时采取了由浅入深、由外及内的策略。

北京大学、清华大学本科生刚进通班的第一份作业是：阅读金庸小说，写一篇读后感，分析小说中人物的心路历程。我们设计这个作业的初衷是让学生在引人入胜的小说阅读中，有意识地比较武侠江湖和社会的相似之处：武侠江湖中的一些场景亦可映射进学术世界。

此后，我们邀请了生物学者兼金庸小说资深研究者徐鑫博士，给学生分享“从金庸群侠武功选择看科研品位”（图7-1），使学生对科研品位有一个生动有趣的认识。徐鑫将科研品位总结为三种境界：

第一境界：所谓伊人，在水一方——被一个科研方向吸引，虽尚未开始研究但满怀期盼；

第二境界：既见君子，云胡不喜——做出了一些工作，感到了研究带来的喜悦；

第三境界：执子之手，与子偕老——明确且坚定自己的科研方向并为之奋斗终身。

这三个境界形象地概括了科研求索三个不同阶段的心路历程。

图 7-1　徐鑫博士为学生带来题为“从金庸群侠武功选择看科研品位”的讲座

以金庸小说作为引子启迪学生，在其对科研品位的重要性有了大致认识后，我们进而设计了三门人工智能系统实践课程，带学生领略真实的科研世界。在难度循序渐进的科研实践中，学生可以动手探索自己感兴趣的研究方向，并在导师们的引导下，熟悉科研流程，掌握研究方法，从而逐渐确立自己的科研品位。

7.2 科学精神

竺可桢在1938年发表的题为“利害与是非”的讲演中指出，中国近三十年来提倡“科学救国”，但只看重西方科学带来的物质文明，却没有培养适合科学生长的“科学精神”。他说：“科学精神就是‘只问是非，不计利害’。这就是说，只求真理，不管个人的利害，有了这种科学的精神，然后才能够有科学的存在。”竺可桢昨日之批判对于今日之学生教育至关重要。

以培育学生科学精神为主要目标，我们组织了多次班级座谈，邀请一些学术领袖和青年教师分享他们的学术人生以及对科研意义的理解。

图 7-2　2022年初北京大学、清华大学“通班”学生齐聚一堂，共度新年

朱松纯教授跟学生分享爱因斯坦对科学家的描述。建造科学殿堂的有三种人：第一种人，他们具有超常的智力，做科研就是他们的强项，能使他们得到快乐、实现抱负；第二种人，他们出于纯粹功利的目的，把科研当作一个营生，就是用脑力劳动来换

取经济利益；而第三种人，他们做科研就是想逃避生活的痛苦，来到“宁静的山顶”，用简约的语言来勾画和描绘这个世界。朱松纯认为科研的真正意义在于理解这个世界。因此，他建议学生先不要着急动手干，更不要先想着赚钱，而是要带着好奇心，试图理解、琢磨问题。当看清楚大局，脑中有了战略地图后，就不用每天为层出不穷的新闻和新生事物而慌张，便能坚定地在学术道路上飞驰。

我们还开辟了“通智大师班”这个学术交流系列，核心设计思路是邀请一些享有盛誉、覆盖各个方向的人工智能学者作报告，分享自己的研究工作和学术历程，让学生在言传身教中汲取力量，领会科学精神。

图 7-3　北京师范大学毕彦超教授为学生带来题为*Knowledge Representation in the Human Brain: The Tales of Sensorimotor and Language Experiences*的讲座

7.3 人文素养

2005年7月29日，温家宝总理在北京看望了94岁的钱学森。温总理向坐在病床上的钱学森介绍了政府正在组织制定新一轮科技发展规划并采取自主创新方针的情况。钱老听完介绍后表示：

“您说的我都同意。但还缺一个。……我要补充一个教育问题，培养具有创新能力的人才问题。一个有科学创新能力的人不但要有科学知识，还要有文化艺术修养。没有这些是不行的。小时候，我父亲就是这样对我进行教育和培养的，他让我学理科，同时又送我去学绘画和音乐。就是把科学和文化艺术结合起来。我觉得艺术上的修养对我后来的科学工作很重要，它开拓科学创新思维。现在，我要宣传这个观点。”

钱老提到的人文素养是我们在人才培养中格外重视的另一个问题。所谓人文素养，不是死记硬背文学知识或者各种“主义”，而是外在的知识进入人的认知本体，渗透言行。人文素养到最后是对人的终极关怀。脱离了对人的关怀，剩下的是人文知识，而非人文素养。

作为理工科的学生，人文素养尤为重要，因学生往往喜欢钻进具体的科学和技术问题，很少思考人生的意义、生命的价值这些终极问题。

为了提升学生人文素养，朱松纯教授一方面列给学生建议书单，另一方面举办讲座，邀请人文方面的知名专家前来启迪学生，且自己还给学生带来了题为“三读《赤壁赋》”的讲座。作为理工科学者，朱教授在苏轼的名篇中得到了不少感悟，并联想到人生的诸多境遇。“三读”指代他在三个不同的人生阶段时阅读的感受：少年时初读苏轼的《赤壁赋》，只感叹其横槊赋诗的豁达气概，开一代豪放派文风之先河；而立之年重读，渐领会清风明月的意境，对应于学术人生，夜深人静之时探索无人之境的快乐；已过不惑之年再读，又喟叹苏轼对于出世与入世的平衡和人生价值的哲学思考，且感受到文学、科学、人生的交织和互通。

在讲座中，朱教授亦试图探讨当代人工智能研究和传统人文社科研究的双向连接。一方面，人文社科中蕴含的思想对人工智能特别是通用人工智能的研究、发展具有很大的启发意义。另一方面，通过人工智能的数理模型可以定义、重构和解读人文经典中的一些关键概念，为其提供一些显式的数理表达，从而更好地研究其认知架构体系。科学和人文在这里自然地融合，并引出了人工智能研究的一个重要使命：为机器立心，为人文赋理。

图 7-4　朱松纯教授在“北大教授茶座”以“三读《赤壁赋》”为切入点，分享个人求学与研究的经历

应该说，除了“通识、通智、通用”的培养理念外，强调科学精神和人文素养的养成也是本套通用人工智能人才培养体系的一大特色，后者在当今“人工智能研究者要突破藩篱、勇于探索，同时又要保证人工智能技术安全、可控、不被滥用”的需求下是不可或缺的。本套培养体系已经在北京大学以及清华大学自动化系实践了两年多，今后也将进一步完善。我们希望能借此抛砖引玉，为高等学校的人工智能教育带来一些启发，以便共同为我国培养具有创造力、健全人格、远大理想，敢于承担国家重任的杰出人才。

附　　录

胸怀伟大理想　践行爱国情怀[①]

老师们、同学们：

作为北京大学元培学院的导师代表，请允许我向各位新同学表示热烈的欢迎和诚挚的祝贺，欢迎你们来到元培学院，祝贺你们可以在这座思想自由、兼容并包的高等学府开启人生新的篇章。

刚才李猛院长告诉我，元培学院2021级共有230多位学子，其中在各省考得较好的就有17位。面对这样一群中国最优秀的青年学子，我们深感责任重大。如何将你们培养成为可堪重任的国之栋梁，是导师、学生和家长必须共同面对的问题。今天，我们就先来探讨一下这个沉重的话题。

一、钱学森之问

为什么我们的学校总是培养不出杰出人才？这是钱老在他晚年给我们的国家、社会、教育和科研界提出的一个灵魂之问。在过去40年中，中国的教育取得了长足的进步。最近有这样一份研究报告：2000年中国的理工科（科学、技术、工程、数学）博士毕业生是美国的一半，2007年中国的理工科博士毕业生超过美国，并预测2025年中国的年均理工科博士毕业生将是美国的两倍。从增量上讲，我们的理工科科研人员已经达到了世界第一。但是，我们顶尖科研人员的存量还不够，我们的原创性科技成果与科研人员的体量不相称。这一问题的解决还需要一个较长的过程，要靠你们这一代人继续努力。

① 此文根据朱松纯教授在北京大学元培学院 2021 级开学典礼上的讲话整理而成，经本人审阅。

当今的世界正处在百年未有之大变局中，中国正在走向世界舞台的聚光灯下，中国科技已然跻身世界前列。通过几代人的积累，我们国家比以往任何时候都具备了条件，也有了足够的底气和信心：我们能够通过内生的机制培养出具有国际视野和勇于担当的杰出人才与学术领袖。

北京大学，特别是元培学院，是中国高校教学改革的先锋，设计了各种灵活的机制来培养、选拔人才。这里有最好的苗子、最好的导师，那么10年、20年乃至30年之后，你们中间能涌现出多少杰出人才、国之栋梁？我认为，这个主动权还是掌握在你们的手上。

下面我们来分析一下成才的机遇与概率。

二、人才成长的“大数定律”

你们现在18岁左右，从现在开始，拿到博士学位需要10年左右，再成为教授还需要10年左右，要成为学术领袖估计还得至少10年。在今后这30多年的人生中，你们要经历很多事件，一个人的成就是国际、国内、社会、家庭、配偶、朋友、个人在30～50年内发生的各种随机事件和因素叠加的结果，可简单表述为一个统计求和：

$$y = \alpha_1 x_1 + \alpha_2 x_2 + \cdots + \alpha_n x_n$$

比如，我们从这里去天安门，一路上要受到交通信号灯、行人、车辆、交通管制、修路、事故等不可预知的随机事件的叠加影响。最后，行程的时间 y 就是这些随机变量$x_1, x_2, \cdots, x_n$的加权求和（α_1，α_2，$\cdots$，α_n是系数）。

根据概率论的“大数定律”（law of large numbers），当 n 足够大时，累积的结果 y 必然服从一个正态分布，其分布曲线俗称“钟形曲线”。

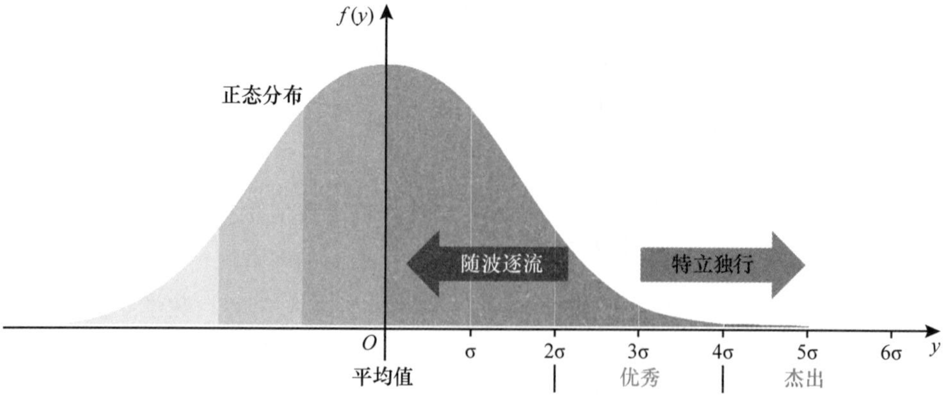

大部分人（约95%）位于正、负两个方差之内，即$[-2\sigma, 2\sigma]$（σ是正态分布的标准差）内，他们是社会的大多数人（the crowd），是各行各业的主力军；少数人（约2%）

在$[2\sigma, 4\sigma]$内，属于百里挑一的“优秀”（excellent）人才；只有极少数人会达到4σ之上，成为万里挑一甚至百万里面挑一的“杰出”人才，他们是统计学中的“离群点”（outlier）。英文中的outstanding就是指杰出，“outstanding”就是要“Standing out of the crowd”。

今天的你们，是从全国挑选出来的最优秀的大学新生，站在一个很好的人生起点上。未来如果你们随波逐流，就会回到普通人群中去；如果立志成为杰出人才，还需继续奋斗，要特立独行，才能成就这个目标。

现在，我们来看看成才的主要要素。

三、成才的主要因素

中国民间有一句谚语：“一命二运三风水，四积阴德五读书。”所谓谚语，其实就是大数据分析的结果，是古人根据大量人生得失的例子手工总结出来的。现代的机器学习算法只不过是用机器代替了手工而已。这个谚语可以把上面的统计公式写得更具体一点。

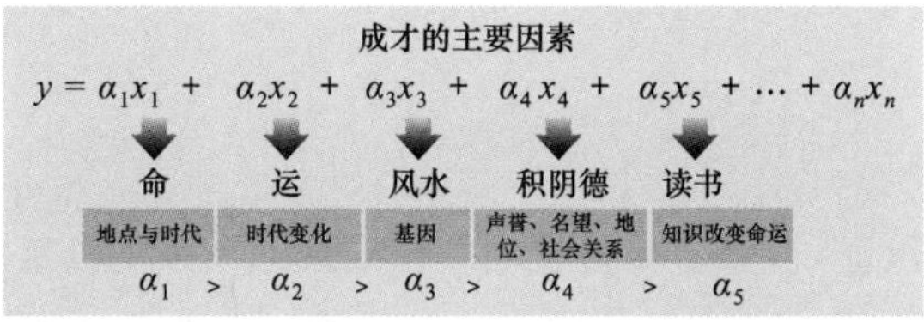

这五大因素是按照系数的大小来排序的，这个挺有意思，我来解读一下。

1. 命。我认为这是指一个人出生的地点与时代，是世界、国家、地域的大背景。美国有一项研究表明，根据一个人出生的地点（Zip Code，邮政编码）和年份，就能较好拟合很多人成年后的社会阶层。

2. 运。我估计这是指时势是否合适个人能力的发挥。每个学科和行业都有它的发展规律和时势。通俗来说，所谓时来运转就是要耐心等待，“风口”来了，才能乘风而起，时势造英雄。

个人的命运与国家、民族的命运是紧密相连的。以我的家庭为例，我父亲18岁的时候，爆发了抗日战争，他流离失所；我哥哥18岁的时候，遇上了“文革”，被下放农村；我18岁的时候，遇上了改革开放，并且1992年我到美国留学的时候，正好克林顿当选美国总统，开启了全球化进程。三人的命运与人生轨迹是非常不同的。自从特朗普上台之后，开启了逆全球化进程，如同钟摆到达最高点之后，开始反向摆动。世界与中国都处在百年未有之大变局中，每一位学子都要审时度势，认真分析世界、国家、学科、行业发展的大势，选择合适自己特点、兴趣的道路，不能盲目跟风。上一辈人的路径也不适合你们的发展，不能简单照搬10年前或20年前的经验。

3. 风水。这个其实是指影响人智商的“基因”。古代人不懂基因，无法解释很多基因变化造成的后果。比如，自己家后代很平庸，眼看隔壁家的后代却发达起来，百思不得其解，古人就归因到墓葬等风水因素。你们能够进入北京大学元培学院，我相信你们都有很好的基因，足够聪明。

4. 积阴德。这是指一个家庭的声誉、名望、地位和社会关系，决定了一个人能拿到多少帮助。这对于一个人的成长的重要性，就不用我多说了。

5. 读书。排在前面的四大因素是先天的、外在的条件，读书是你们自身能够掌控的因素。你们可以用知识来改变命运，以勤补拙。

这么说来，根据中国古代大数据的公式，个人的努力是排在第五位的因素。有没有搞错啊？这不是宿命论吗？别着急，首先，现代的读书和科研从大学开始还要经历30年左右，比古代的十年寒窗长很多，要经历的变量也比古代多很多，因此积累的效应会大很多；其次，所谓大数据公式总结的是社会中的大多数人，即在$[-2\sigma, 2\sigma]$内的人生规律，对于$[3\sigma, 6\sigma]$这一段的优秀、杰出人物是缺乏数据支撑的，需要修正。

那么，对于$[3\sigma, 6\sigma]$这一段，人生的规律是什么呢？我认为，关键词是：选择与被选择。

四、选择与被选择

你们经历过的K12教育[①]，基本是被规划和被安排的，生活也是被家长精心照顾的，大家上同样的课、读同样的书。今后的人生，包括大学选专业、选课，研究生选导师、选课题，最好是特立独行、一人一道。要完成从“高考骄子”到“杰出人才”的蜕变，就必须要去探索科技的前沿，登无人之境。这是苏轼在《赤壁赋》中讲述的清风明月之意境。

特立独行，一人一道，登无人之境

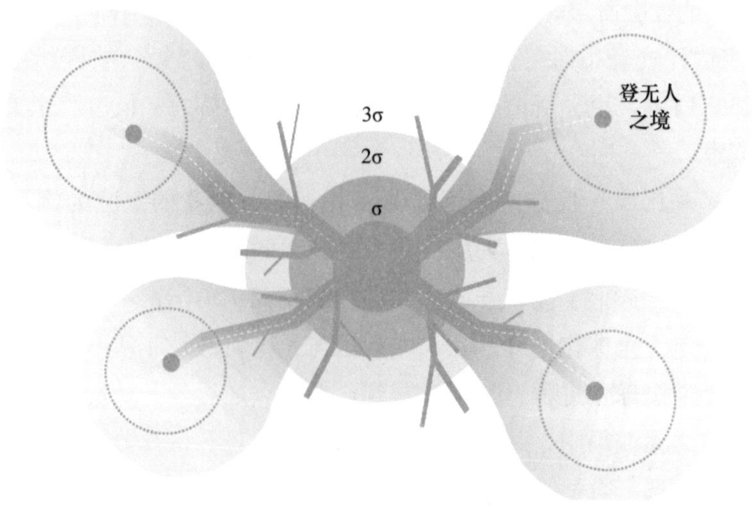

① K12教育，是指从幼儿园到12年级（高中三年级）的教育，因此在国际上也被用作基础教育阶段的通称。

在过去几十年中，中国的科研基础薄弱，很多科研还处于填补国内空白、追赶前沿的状态，很少有科学家，能够站到世界科技的前沿。我认为这是导致“钱学森之问”的主因。在我上大学的20世纪80年代，当时想学习计算机视觉，国内就没有这方面的导师，只能到图书馆查阅国外几年前开会的会刊。通过几代科技工作者的努力，中国科技已跻身世界前列。最近，北京大学人工智能研究院引进了一批活跃在国际科研前沿的青年教授。你们今天就能进入科学的前沿，元培学院给你们提供了五十多个专业方向。

未来的几十年，决定你们一生的就是一系列的选择与被选择。我认为“钱学森之问”中有一个关键词——“培养”，是不准确的。一般人才是可以培养的，杰出人才、学术大师不是培养出来的，要靠你们自己对道路的选择，而后机遇选择了你们。

回顾我自己过去30年的学习生涯，经历了多次重要的选择与被选择。我长期坚定走自己的道路，从不随波逐流，在人生和学术的道路上，常常逆大潮而行。我相信一个基本原则：当你真心选择了科学，科学最终会选择你，社会也一定会选择你！

人的一生，就决定于几次关键的选择，$z_1, z_2, \cdots, z_n$，要有勇气和自信放弃眼前的利益，追求更高的目标；还取决于几次关键的被选择，$z^1, z^2, \cdots, z^n$，被伯乐发现、被机构认定、被国家和社会选择，让你来担当大任。这一连串的选择与被选择

$$(z_1, z^1, z_2, z^2, \cdots, z_n, z^n)$$

就决定了你在$[3\sigma, 6\sigma]$这一段能走多远，决定了你的人生高度。

下面这个图大体上就说明了正态分布的形成过程，大多数人太早选择了放弃，决定躺平，只有极少数人有勇气选择去攀登远方的高峰。

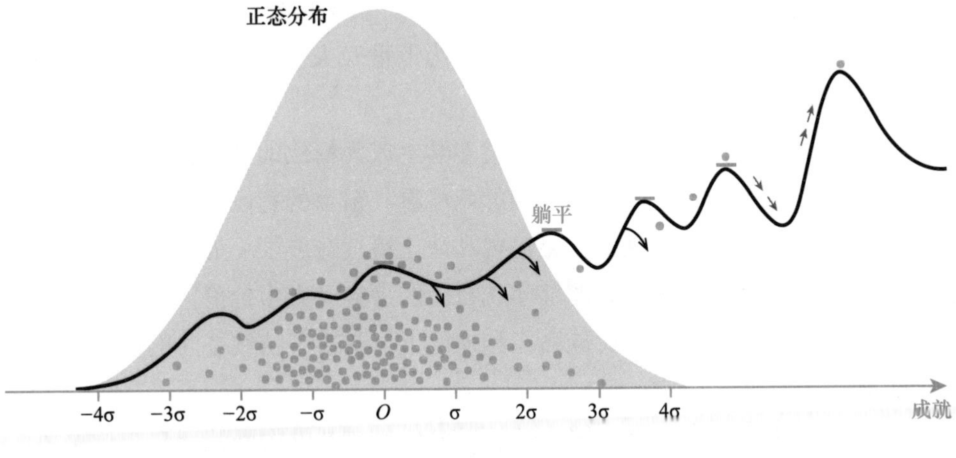

五、人才成长的关键指数：SCI指数

到目前为止，我直接指导和联合指导的博士生和博士后已有100人左右了，间接影响的学生更多。对于绝大部分学生，我认为智力都没有问题，但是真正能坚持做科研的只

有少数人。我总结出一个人才成长的SCI指数。

1. I是指个人的学术兴趣（Interest）。判断一个人是否能成为杰出人才，首先要看他做研究是利益驱动还是兴趣驱动的。利益是短期的、外在的，只有兴趣是长期的内驱力。我希望每一位学子都能看清大势，发现自己的兴趣，找到属于自己的一条“赛道”，这条“赛道”最好能让你跑几十年，给你足够的时间和空间；“赛道”太短了跟别人拉不开差距，跑到了头又要转到别的“赛道”，显然是不明智的。家长都希望自己的孩子读名校，可是，如果孩子的兴趣没有调动出来，或者学校和专业不合适，孩子是走不长久的。

2. C是指性格（Character）。性格决定命运，下面几个关键性格非常重要：善于沟通的能力、战略定力、百折不挠的毅力、敢于探索的勇气。很多家长希望自己的孩子平安幸福，最好不要经受风雨的洗礼，这是不现实的。

3. S是指配偶（Spouse）。最终你的配偶和家庭是否支持你，也是决定一个人能否杰出的关键。不少学生本来干得好好的，很优秀，但是配偶的价值观和选择权的影响很大，最后就放弃了科研。这是让我痛心疾首而又无能为力的事情。

最后，我还想谈一下家国情怀。

六、践行爱国情怀

北京大学及元培学院给你们提供了中国最好的校园环境，准备了精选的课程，配备了最好的导师。你们可能有一种错觉，认为这一切都是你们考来的，是你们赢得了高考或者学科竞赛所应得的奖励和待遇。从小道理上说，你们的学费是完全无法支付这些培养费用的。从大道理上说，这些条件是国家和人民给予的，代表了国家和人民的期盼。作为这个国家的精英分子，我们负有巨大的责任。儒家思想认为，知识精英应该具备“为天地立心，为生民立命，为往圣继绝学，为万世开太平”的家国情怀。否则，这个民族未来何在？希望何在？

有批评的意见认为，我们顶级高校的很多学生成为精致的利己主义者。作为导师，我们不能回避这个问题。从人工智能模型的角度看，精致的利己主义不是一个好的决策函数，是短视和缺乏勇气的表现。正是短视和缺乏勇气造成了一大批人才在国外干着与他们智商不相匹配的工作，远没有能够实现自己的潜能和人生价值。相反，那些勇于担当，把自己的人生目标与国家、民族命运相连的人，就有了持续奋斗的动力和勇气，才能实现更高的人生价值。

作为北大元培人，你们要有为国求学的志向、舍我其谁的豪情，义无反顾地投身于祖国需要的领域。在未来10～15年内，中国必将回到世界舞台中央，北京也会成为国际科技创新的中心，那必将是你们这一代人博士毕业、身处科研一线、引领世界科技风骚之年代。

今天的开学典礼开启了你们人生新的篇章，希望你们胸怀伟大理想，践行爱国情怀，以无悔的选择和丰硕的成果为钱老的灵魂之问交上一份让祖国和人民满意的答卷！